| 玛莎 | 著

THE ROAR OF POLLUTION THROUGH THE FUTURE

穿越未来之污染的怒吼

归途无期

海峡出版发行集团 | 福建科学技术出版社
THE STRAITS PUBLISHING & DISTRIBUTING GROUP | FUJIAN SCIENCE & TECHNOLOGY PUBLISHING HOUSE

图书在版编目（CIP）数据

穿越未来之污染的怒吼. 归途无期 / 玛莎著. —福州：福建科学技术出版社，2023. 4

ISBN 978-7-5335-6927-3

Ⅰ. ①穿… Ⅱ. ①玛… Ⅲ. ①环境保护－少儿读物 Ⅳ. ①X-49

中国国家版本馆CIP数据核字（2023）第025346号

书　　名　穿越未来之污染的怒吼：归途无期
著　　者　玛莎
出版发行　福建科学技术出版社
社　　址　福州市东水路76号（邮编350001）
网　　址　www.fjstp.com
经　　销　福建新华发行（集团）有限责任公司
印　　刷　福建省金盾彩色印刷有限公司
开　　本　890毫米×1240毫米　1/32
印　　张　5.375
字　　数　70千字
版　　次　2023年4月第1版
印　　次　2023年4月第1次印刷
书　　号　ISBN 978-7-5335-6927-3
定　　价　28.00元

推荐序

玛莎老师是中国优秀少儿报刊金奖期刊的专栏作者，同时也是非常优秀的广播电台主持人，她非常热衷于环保事业，曾荣获“哈尔滨市年度环保风范人物”的称号。

“穿越未来之污染的怒吼”系列故事是玛莎老师创作的系列环保科幻故事，讲述的是萨山、米果、马莎三个孩子不小心触动了学校神秘钟楼内的红色按钮，然后神奇地穿越到未来，发现未来世界因环境污染发生了极其恐怖的事情。书中的每个故事都画面感十足，每看一篇仿佛都在观看一部科幻电影，给人的心灵带来极大的震撼和启迪。

“穿越未来之污染的怒吼”系列故事曾于2010年1月至2015年12月在《小雪花》连载六年。今天，玛莎老师对故事进行重新“打磨”，将各种环境污染问题在跌宕起伏的故事情节中一一披露，相信这本书将为读者带来更多的启示。在国家大力提倡生态文明建设的今天，希望玛莎老师的“穿越未来之污染的怒吼”系列能让更多人关注和重视环境问题，激发大家对保护生态环境、爱护地球家园的热情。

据了解，“穿越未来之污染的怒吼”系列故事此前已在加拿大出版发行，很高兴现在能跟中国读者正式见面，也希望玛莎老师笔耕不辍，继续为我们创作更多精彩有趣、意义非凡的故事。

杜恒贵

黑龙江省少先队队刊《小雪花》创刊者，首届中国少年儿童报刊优秀工作者、首届中国少年儿童报刊杰出贡献奖获得者。

名家推荐

玛莎老师用充满灵性的想象力，虚拟出被污染的未来世界，提醒小朋友们爱护地球与环境、关爱动植物是多么重要且有意义。书中的故事精彩有趣，有奇幻、冒险、温情，以及发人深省的画面，希望读者朋友喜欢，让我们一起做环保小卫士。

姜昆

著名相声表演艺术家、中国曲艺家协会主席

玛莎是我的好朋友，她是一个充满正能量的精灵，世界真的因她而美丽，不信就去读读她写的故事吧！

那威

著名主持人、导演

当下，我们都没法穿越到未来，更想象不到被污染后的未来会是什么样子。现在，当你打开玛莎创作的“穿越未来之污染的怒吼”系列图书就能随着萨山、米果、马莎和鲍勃一起穿越到未来，届时你便能体会污染的危害有多大，知道爱护环境、爱护地球有多重要了。

关凌

演员、导演、主持人，

情景喜剧《我爱我家》主演

“穿越未来之污染的怒吼”少年环保科幻系列图书里有很多精彩的故事，萨山、米果、马莎，以及鲍勃用他们的聪明才智解救了未来世界里受污染影响的动物们，他们在未来世界里历经千难万险。让我们一起来看玛莎创作的“穿越未来之污染的怒吼”系列图书，相信你们也和我一样，心灵会有所启迪。

王为念

导演，中央电视台金牌栏目

《向幸福出发》主持人

嗨，我亲爱的读者朋友，

首先让我们一起认识故事中的主要角色吧！

萨山

“我叫萨山，是一个沉稳、果断、临危不惧的男生。我们在未来世界里遇到了很多恐怖、危险的事情！”

“我叫米果，很喜欢开玩笑，也很擅长跟陌生人打交道，甚至是未来世界的怪物们。”

“我是来自中国的马莎，和萨山、米果在同一所国际学校学习。虽然我看上去挺胆小的，但我骨子里也是很勇敢的。”

鲍勃

我叫鲍勃，我可不是中学生，而是一个厉害的魔术师，没想到我的魔术箱可以通往未来世界。走，一起历险去吧！

银光小矮人

我是银光小矮人，虽然只有1米多高，但是非常聪明。我的耳朵很尖，嘴巴很大，没有牙齿，头顶上有一撮闪着银光的头发。我的种族正在努力解决牛粪污染土地的问题。

洛克教授

我叫洛克，创立了手机王国，这个王国的建筑不是用砖瓦而是用废旧手机建成的。斯蒂克想引爆手机王国，如果被他得逞，后果不堪设想。

目录

萨山、米果、马莎和鲍勃找到了金钥匙，却没能打开回家之路的那扇门。他们离开被脏话污染了的鹦鹉们继续前行，谁也不知道前面是不是终点，或者是否更险恶，但是只能充满希望地向前走。

萨山他们来到卡萨尔城，在这里大鸟替代了制造尾气的铁家伙——汽车。这些大鸟是充满情感的交通工具，可是，它们环保吗？

01

浮空城堡

如果你是卡萨尔城的城主，当你在得知不把“它们”驱赶出城，整座城都将面临毁灭，但是如果赶走“它们”，赶走的却是曾经与你朝夕相处，又是带给你方便的“好朋友”，你该怎么办？

卡萨尔一筹莫展，在散发着花香的大厅里踱来踱去，踱到门口，他忠实的、御用的菩吉查大鸟立刻舒展双翅俯下身躯，等待主人骑上它。卡萨尔没有像以前一样，飞身上“鸟”，策“鸟”扬鞭，而只是忧伤地抚摸着菩吉查大鸟银灰色的羽毛。

萨山、米果、马莎和鲍勃，一人骑着一只大鸟，在卡萨尔城上空盘旋。大鸟好像特意要让他们参观一下卡萨尔城。

俯瞰卡萨尔城，它是由一个一个飘浮在半空中的像盘子一样的小房子组成的，这些小房子像是湖面上的一支支荷花，云雾缭绕，轻轻摇晃，如同仙境。

“其实我们的未来世界之旅，总是会出现让人惊喜的地方！”米果迎着风大声喊着。

“你说什么？”萨山回头向着稍稍落后的米果问道。

“我说这儿好，降落降落。”米果大声地命令着大鸟，“哈哈，我的大鸟拉便便了！”大家好奇地看着一团团绿色的便便落入下面的“湖中”。

“先别降落，会不会有危险啊？”马莎一边捋着被风吹拂到脸上的长发，一边摆着手，向米果示意。

“危险无处不在，惊喜随处可见。降落啦……”鲍勃使劲一夹双腿，他把自己当骑士了。大鸟“嘎”地叫了一声，真的就第一个俯冲了下去。

随后，载着米果、萨山和马莎的大鸟也都俯冲了下去，落到了卡萨尔的身旁。

对于菩吉查大鸟经常载回来的各种“客人”——浣熊、山鹰、小猴子等，卡萨尔早习以为常，但是这次它们却带回来了活生生的四个人，还真是让卡萨尔惊讶不已！

四个人从大鸟身上下来，看到英俊潇洒的卡萨尔，还有站成一列纵队的大鸟们，虽不知接下来迎

接他们的是凶还是吉，但绝对是惊奇！

卡萨尔城是用城主卡萨尔的名字命名的，这座城是一座浮空城堡。城堡的下方是人类的一项伟大发明在几百年之后呈现的美好结果——人类发明了可降解塑料制品，这些可降解塑料制品在地下经过演变，滋润了泥土，并从泥土中散发出一种叫作SRN-PP2的化学物质，这种物质无色无味，但是却有一股强大的力量，能让所有的物体都悬浮于它的上面，就像同极磁铁互相排斥那样。然而，SRN-PP2更为神奇的是，它是一种可以滋养着在它上面生长、生活的所有物种的气体。

“人类并非总是带给未来灾难的。”萨山很得意地说。

“看这些树！”马莎往高处指着，大家顺着她手指的方向往上看去。

“太神奇了！”鲍勃感叹道，“好像是一把把的雨伞。”

“还魔术师呢，怎么比喻的啊，像伞一样的树，是我们地球上的树。”米果终于有了一次机会驳斥鲍勃了。

“我应该说这些树像一把把未撑开的、倒着拿的雨伞，这样可以了吧？”鲍勃慢悠悠地说。

“哈哈，非常形象！”马莎拍手。

“哼！”米果还是不服气。

卡萨尔城主解释说：“由于SRN-PP2气流，在我们卡萨尔城，原先所有长在泥土中的植物，现在都是长在空中的，它们的养分都是从SRN-PP2中获得的。”

西瓜飘在空中，像一个一个绿气球。还有无数的土豆、西红柿、莴苣、芹菜、苹果、香蕉……

“这才是真正的无土栽培啊！”米果感叹道。鲍勃拍了拍米果的肩膀：“说得真好！很有学问嘛。”

被鲍勃赞扬，米果得意极了，扬起下巴，冲着马莎做了个鬼脸。

“这里SRN-PP2充足，生长的食物营养丰富，人们都长命百岁，我都已经102岁了。”卡萨尔城主自豪地说。

大家简直不敢相信，米果说：“我看您比我爸爸还年轻呢！”

这时，马莎满是疑惑地问道：“卡萨尔城主，为什么这些树是向下长的呢？”

“唉！”卡萨尔城主长叹了一口气，这声叹息，让四个人都停止了张望，一起把视线转向卡萨尔城主。

“你们看到这些大鸟了吧？”卡萨尔城主说。

“您给我们讲讲这些大鸟的故事吧，它们叫什么名字？它们怎么那么聪明，简直就像一架架小飞机！”米果的好奇心被大大地激发了，他觉得这里真是太有意思了！

听着卡萨尔城主的故事，他们四人不仅睁大了眼睛，而且张大了嘴巴。

原来，这些鸟竟然是貂——紫貂、水貂、十字貂……它们为了躲避人类的杀戮，不想把自己的皮毛给人类做奢华的皮毛大衣而逃到了卡萨尔城堡，善良的卡萨尔人收留了它们。但是没想到，当它们呼吸到了SRN-PP2时，竟然出现了奇迹！它们变异了，变成一只只雄壮的大鸟，卡萨尔人把它们称作菩吉查。菩吉查为了感谢收留了它们的卡萨尔人，从此就作了卡萨尔人的交通工具。它们安静地载着卡萨尔人飞到他们想去的地方，它们是一架架小飞机，它们是一辆辆会飞的出租车。

“这多好啊！而且它们看起来非常温驯、善良。”马莎说着还勇敢地抚摸着那只一直站在她旁边，等待着指令的菩吉查。

“可是，你们刚才看到那些像雨伞一样的树了吧？因为地下的SRN-PP2正在变质，树开始向下长，这也就预示着卡萨尔城堡将向下沉，不久的将来，这个城市将不再存在。”卡萨尔城主说到这儿，停了下来，因为一团便便落在了他的肩膀上。

萨山他们都忍不住笑了起来。但是卡萨尔城主没有笑，他把黏黏的鸟便从身上抹下来，展开手掌给他们看：“你们闻闻。”

“好臭！”马莎马上捂着鼻子。

“这些鸟便落入我们的SRN-PP2气体中，与SRN-PP2气体发生了化学反应，削弱了SRN-PP2中应有的能量和养分。”

“啊，是这样啊！”大家几乎异口同声地说出这几个字。

“我们的汽车排放尾气污染环境，你们的交通工具排放粪便毁灭环境。”萨山很有见地地说出自己的结论。

“可是，你们难道要把菩吉查赶走吗？没有了交通工具，你们怎么在城市中快速穿行啊？”鲍勃问了个尖锐的问题。

“交通工具我们已经研制出来了，正在生产，是一种真正的“气车”，它是靠SRN-PP2气体行驶的。至于菩吉查的安排，你们有什么好建议？否则，为了卡萨尔城堡和卡萨尔人，只能把它们赶走了。”

大家都沉默了。

晚上，萨山、米果、马莎和鲍勃被卡萨尔城主款待，餐桌上摆满了丰富的食品，四个人都非常认真地吃着每道菜，希望获得SRN-PP2的养分能长生不老。之后，卡萨尔城主派出他的菩吉查仪仗队，载着四个人参观了卡萨尔城的全貌，这期间训练有素的仪仗队，还是照样在飞行的时候把便便啪嗒啪嗒地拉到SRN-PP2气体中。

“卡萨尔城主真的要把菩吉查赶走吗？”马莎说道，“太狠心了吧！”

“那你希望整个城市都被毁掉吗？”米果就是看不惯马莎老是没原则地滥用感情。

“那你就想出好办法来啊！”萨山看到米果这样和马莎说话，不免有些生气。

“你们别吵了，还是发挥你们的聪明才智，给卡萨尔城主想个好办法吧，他很难过，他也不希望大鸟们离开。”

已经很晚了，大家也睡不着，谁都不说话，都在想着怎么能留下大鸟。首先是要怎么解决大鸟的便便不掉到SRN-PP2气体中去。忽然，鲍勃一拍大腿：“我想到一个办法！你们记得吗？在我们的城市，巡逻警察骑着马在赛琳克罗广场巡逻的时候，他们的马的屁股上都有一个皮兜子是专门用来装马粪的……”鲍勃还没说完，萨山兴奋地说：“给大鸟也做个便便兜，然后把便便收集起来进行处理，不就不会污染SRN-PP2气体了？”

“太棒了！”米果跳起来和鲍勃、萨山击掌。“我们现在就去告诉卡萨尔城主。”马莎真的很舍不得大鸟们。

“好了，我都要困死了，我们睡觉吧，明天也来得及。”米果说完就摊开四肢倒在床上了。

“睡吧，明天一早我们就去找卡萨尔城主，你也回房间睡吧。”萨山温和地说。马莎不情愿但还是听话地回到了卡萨尔城主特意为她安排的粉红色的公主房间。

鲍勃没有马上睡着，看着窗外偶尔飞过去的大鸟们，它们还在勤劳地工作着，把夜归的人们安全送到家。

不知过了多久，大家都进入了梦乡。

一阵欢呼声、马达声，把大家都从睡梦中惊醒了。他们跑出房门一看，空中飞着几辆小汽车，原来今天是小汽车试运行啊！人们兴奋地在自己的房门前欢呼着，向小汽车挥动着手臂。受卡萨尔城主的指示，小汽车先来接来自地球的四位客人去卡萨尔城主的私人会所吃早餐。男生们对车上的配置指手画脚，他们天生就喜欢机械。忽然，马莎大叫起来：“怎么一只大鸟都看不到？”

他们晚了一步把主意告诉卡萨尔城主，悲伤的事情发生了，大鸟们离开了卡萨尔城，萨山、米果、马莎和鲍勃在天空中寻找着它们的身影，他们好后悔没能及时留住大鸟们，大鸟们接下来的命运会怎样？它们还能生存下去吗？

我觉得大鸟们那么聪明，如果给它们设置专门的便便厕所，告诉它们定时定点自己去便便，这样就不会污染卡萨尔城了。你们有什么好办法治理大鸟的便便问题呢？无论是各种动物还是会排放尾气的现代化交通工具，都会带来环境问题，我们要积极行动起来，洁净的空气和环境最重要！

雄鹰一般的大鸟，在离开SRN-PP2气体以后，蜕变回了小貂。

但是，不幸的事情发生了。它们被收进了一张大网，无处可逃。原来它们中了猎人的圈套！猎人要把这些小貂拍卖给野人们。

眼看着小貂们就要落入野人的手里，突然，听到一个洪亮的声音："550万！"

鲍勃站了起来，并向那团篝火走去，其他三个人也紧随其后，他们不能让鲍勃孤军奋战。

02

危急竞拍

“我说昨天想好了方案，就应该马上去告诉卡萨尔城主。”马莎最担心的事情发生了，大鸟们离开了卡萨尔城。马莎真的很伤心。

“可是就算你当时去了，卡萨尔城主也许还不能接见你呢！”米果极力狡辩着，他确实也很难过。

“我们都有责任。”萨山也检讨自己。

全城的人都因为菩吉查的离开而难过，它们是为卡萨尔城立下汗马功劳的大鸟。

萨山、米果、马莎和鲍勃被邀请参加卡萨尔城的公民代表大会。大家商讨怎么才能把菩吉查找回来。

鲍勃忽然站起来：“卡萨尔城主，我有一件事非常担心。”

“请讲。”卡萨尔城主抬起眼睛，想看看鲍勃又有什么不乐观的发现。

“菩吉查之所以是鸟，就是因为它们一直被SRN-PP2气体滋养着，但是，一旦离开这里，它们是不是就会变回小貂呢？”鲍勃的话音刚落，会场一片哗然。

“小貂主要栖息在河边、湖畔和小溪附近，以扑捉小型啮齿类、鸟类、两栖类、鱼类以及鸟蛋和某些昆虫为食。但是，这附近没有小河小溪，我在担心它们究竟能够活多久。”鲍勃继续说。

会议在进行着，气氛很紧张。

昨天，为卡萨尔城服役的菩吉查大鸟们听到卡萨尔城主跟四个地球青年的对话之后，消息立刻在大鸟中传开了。在首领的带领下，它们决定不给卡萨尔城带来任何灾难和毁灭。于是在凌晨，所有的人都沉睡的时候，菩吉查大鸟们在头鸟的带领下，浩浩荡荡飞离了卡萨尔城。

它们飞了好久好久，觉得身体越来越重，翅膀也不能像以前那样扇动得有力了。

“扑棱棱——”鸟儿们从不同高度摔落到了地上，它们的翅膀没了，身体变小了，还长出了小小的细尾巴。雄鹰一般的大鸟，真的在离开SRN-PP2气体以后，蜕变回了小貂。

小貂们在地上“哧溜哧溜”地跑来跑去寻找着食物，这里的地面枯草丛生，哪有小虫子和小鸟啊！更别说它们最喜欢的小鱼小虾了。小貂们很饿很饿，甚至看到地上的一群小蚂蚁，都想要吃掉它们充充饥，小貂们发出“叽叽咕咕”的声音，还互相观察着对方，看有没有谁突然发现了美味佳肴。

突然，一只小貂“吱吱，吱吱”地叫了起来，众小貂闻声汇集过来。原来在这荒芜的地方，竟然出现了一片鲜嫩的草地，还有一个小水洼，而且里面竟然有好多小鱼、小虾。

所有的小貂你挤我，我挤你，争抢着食物。但是，不幸的事情发生了。

突然，小貂们和眼前的小草、美味似乎被一种无形的力量挤到了一起，然后小貂们觉得脚开始离开地面。小貂们东撞西跑，但是只是互相之间翻滚踩踏，原来它们都被收进了大网，无处可逃。它们中了猎人的圈套！

这时，一个提着猎枪的老猎人，慢慢收紧了大网，脸上露出掩饰不住的喜悦，在他眼里，这些小貂俨然就是现钞，是金银财宝。

可怜的小貂们，落入了卡萨斯曼山贪婪的老猎人手里。

萨山、米果、马莎和鲍勃被汽车送到了地面，他们离开了卡萨尔城，被派去寻找大鸟，哦不，是小貂们。

大家深一脚浅一脚地四处寻找着。米果叹了口气说：“我怎么一点劲儿都没有了，觉得很累啊！”

“你不会呼吸了SRN-PP2气体后也变异了吧？”萨山调侃道。

“如果人类把所有的垃圾都制造成可降解的，那么，我们的地球不也会像卡萨尔城一样环境洁净、充满生机，人们也会长生不老啊！”鲍勃自言自语。

大家都不说话，默默地寻找着任何关于小貂的痕迹。

夜晚来临了，安安静静的，没有虫鸣，没有鸟叫。一轮明月挂在天上，照亮了地上的一草一木。忽然，前面地上有几个闪亮亮的小东西在跳跃、在翻滚。大家走近了一看，原来是几条小鱼，鱼鳞在月光的映衬下，闪着银光。

“嗯？这里怎么会有小鱼？一不靠海，二不挨湖的。”鲍勃蹲下身，把一条小鱼放在手里，只是大家都没有水，无法拯救小鱼。

“小貂们爱吃小鱼。”萨山说。

“真的有好心人给小貂们提供吃的呀！”马莎露出了笑脸。好久没说话的米果终于开口了：“你呀，太天真，不知江湖的险恶！”

“我来给你们分析一下。”米果清了清嗓子，俨然一个侦探。

“如果是善良的人来喂小貂们，对吧？”他看了马莎一眼，“这方圆几百里都没有人烟，只有这里有好吃的，小貂们应该就在这附近，不会跑出很远的啊！”

“你认为这里有阴谋？”

“是陷阱？”

“小貂们被抓了？”

其他三个人都提出了自己的看法。

突然，一片火光出现在远处，紧接着，就传来一阵阵击打皮鼓的声音和怪叫声。

这样荒芜的地方，听到这样的怪叫声，令人毛骨悚然。

“别害怕，我过去看看是怎么回事，也可能和小貂们有关系。”鲍勃示意大家别出声。

“不行，太危险！”萨山一把拽住鲍勃的袖子。“咱们三个男人一块去吧。”米果也很勇敢地说，他可不想和马莎留下。

“把马莎自己留在这儿很不安全。”鲍勃说。

于是，四个人悄悄地接近发出火光的半山坡，藏在几个土坡的后面，只露出脑袋。

他们看见了一群奇怪的人，只见这些人有的头上戴着犄角，有的头发很长，有的在脑后高高地竖起一个辫子。他们围着篝火在舞蹈，嘴里不停地发出各种像是动物的叫声。

米果小声地说：“我们一定是来到了野人部落。”

“可是，我们见到的都是未来世界的情景啊，现在怎么还时光倒流了呢？”萨山用手挡着嘴说。

正在这时，鼓声、叫喊声戛然而止。那个抓捕小貂们的老猎人，拖着一个大大的渔网，走到前面来，在众人的帮助下，那个大大的渔网，被放在一个像是祭祀用的圆台上。这时候，萨山他们不禁倒吸了一口冷气。原来，那个大渔网里竟是那些小貂。

“他们，他们？”马莎惊得牙齿直打战，结巴地说，“是要把小貂烤了吃吗？”马莎紧紧地抓住萨山的手。

这时，就听老猎人开口了。

“上好的貂，毛质光滑，肉质鲜美。”还没等老猎人说完，野人们就开始欢呼，皮鼓敲得震天响。这是他们的衣食父母啊，他们的衣服是用貂皮做的，他们的主要食物就是貂肉。这些野人都快馋死了。

“我现在要进行拍卖，50万起价。”老猎人继续说。

“我记得有句广告语：没有买卖就没有杀戮。”米果还不忘在这个时候显露一下。

“举一次你们手里的长矛就是50万。”

一个野人举起了一支长矛："100万。"

旁边有一个矮个的野人，他先手舞足蹈了一下，然后举起了手中的长矛："150万。"

又有人在举长矛。

"200万。"

"250万。"

长矛举起落下，此起彼伏，价格也越喊越高，每一伙人都希望能把小貂们据为己有。

当一个彪形大汉举起手中的长矛时，价格已经飙升到了500万。看来这是最有实力的人了。

"500万一次。"没人举长矛。

"500万第二次。"仍然没有人动。

眼看着小貂们就要落入野人的手里，突然，听到一个洪亮的声音："550万！"

鲍勃站了起来，并向那团篝火走去，其他三个人也紧随其后，他们不能让鲍勃孤军奋战。

"你们是什么人？"老猎人质问道。

"这不重要，你不是要赚钱吗？我给你高价！"鲍勃勇敢地说。

老猎人一听喜出望外："好好好。"他连说了三个好。

但是，野人们不干了，马上到口的肥肉，可不能落到这些人类的手里！他们开始狂叫，并敲打着皮鼓，拿着长矛把四个人围在中央。萨山、米果、马莎和鲍勃，背靠着背，手拉着手，面对着在他们面前旋转着的野人们。舞动着的野人们，声音越来越大，圈子却越来越小。这时，老猎人大喊一声："谁拍的价高，我就卖给谁！"野人们不叫了，他们也很想看看这550万是怎样交出来的。

四个人屏住呼吸，心里默念着："卡萨尔人快来啊，你们到哪儿了……"

"你跟我们走吧，我们带你去取钱。"鲍勃继续拖延时间。

"骗子，你们搅乱了我的竞拍会。"老猎人也发火了，他看出这几个人一定没有钱。

这时，野人们又扑了上来，四个人寡不敌众，都被推倒了，眼看着野人们就要围上来，就在这千钧一发之际，突然，周围响起了枪声，卡萨尔人来了。只见野人们吓得四处逃窜，接着又有几声枪响，这几枪是向着渔网中的小貂们开的，这枪里装的不是子弹，而是SRN-PP2气体。枪声刚落，奇迹就发生了，小貂们一点一点地变大，长出了翅膀！渔网破了，一只一只菩吉查大鸟又重新出现了，它们盘旋着、滑翔着，然后带上萨山、米果、马莎和鲍勃，还有卡萨尔人，扔下变得越来越小的老猎人和看傻了的野人们，飞向高高的夜空。

玛莎老师对你说

小貂们真是太可怜了，皮毛被拿去做衣服，身上的肉还要被当作食物。看来还是把它们变成大鸟，既可以帮助人类，又不被伤害，它们才能活得长久，但还是那个便便的问题，该如何处理呢？

忽然，草棚一道银光一闪，出现一个1米多高、矮小的男人。这个男人样子很可怕，尖尖的大耳朵，嘴很大，没有牙齿，手臂和腿都很短、很细。最显眼的是他的头，整个脑袋只有中间有一撮头发，立得很高，而且闪着银光。

03

吃咖啡豆的牛

离开了卡萨尔城，萨山、米果、马莎和鲍勃一路兴奋地谈论着，不知不觉走到了一片郁郁葱葱的绿草地上。这片草地好丰茂啊，踩上去，软绵绵的！在阳光的照射下，草地散发出绿茵茵的油光，这是什么地方啊？

米果在草地上跑着、蹦着，还在草地上翻着跟头。他兴奋地说："你们猜，我现在特别想和谁分享这片绿草地？"

"你难道是要和羊群分享绿草地？哈哈哈。"鲍勃开玩笑地说。

"是和凯西小公主。"马莎一边捂着嘴笑，一边跑开了，她害怕米果跑来追着她打。凯西是他们的同学，一个活泼可爱的小女孩。

米果听到马莎拿凯西跟他开玩笑，似乎很生气地说道："我就是想和牛羊来分享，它们，它们才是最需要这片草地的呀！你，你个小丫头片子，等我来教训你！”果然，米果向马莎跑来，马莎吓得撒腿就往前跑，一边跑一边尖叫着……

马莎哪有米果跑得快，眼看米果就要追上马莎了，只听马莎一声尖叫，摔在了毛茸茸的草地上，她被一块大石头绊倒了。

看热闹的萨山和鲍勃赶快跑过来，扶起了马莎，当看到马莎没有受伤之后，米果还是不忘报仇，扯了一下马莎的头发。

“你这是雪上加霜，哼！”马莎拍了拍屁股站了起来。

“嗯，没错！”米果很得意。

“大家快来看，这是什么标志？”鲍勃蹲在刚刚把马莎绊倒的大石头前，其他人也都围了过来。只见一块光滑的泛着青光的大块鹅卵石凸显在草地上，鹅卵石上面刻着几个符号：一个看起来像是一坨便便，还有一个似乎是一道闪电，另外的一目了然，是几滴水珠。

“这是什么意思呢？”大家都陷入了沉思。

“便便一定是表示这里很脏。”马莎皱着小巧的鼻子，“或是告诉路人注意脚下有粪便。”说完吸吸鼻子，好像都已经闻到了臭味。

“我觉得便便是表示这儿附近有活的动物。”萨山说这话的时候把头转向鲍勃，希望获得他的认可，但鲍勃这时还在埋头研究这几个符号。

“那闪电和水滴表示什么呢？”米果想了想，说，“表示这附近会有暴风雨，小心雷电！”

“嗯，我觉得有道理。”萨山赞许地拍了拍米果瘦弱的小肩膀。

“这儿附近一定有人或动物。”鲍勃站起身来说，“我们再往前走走吧，也许会有答案的。”

大家的好奇心又被调动起来了，有过无数次惊心动魄经历的他们，已经不再惧怕，有的只是好奇和一探究竟的冲动。

大家谨慎地慢慢地往前走。突然，每个人都觉得自己脚下的草地好像摇晃起来了，并且开始往下塌陷，大家都不约而同地发出恐惧的叫声，但是叫喊归叫喊，谁也不能阻止脚下的塌陷。青草与泥土撕扯着、分离着，最后每个人都随着脚下的一片带着青草的土地，坠落下去……在起初的坠落过程中，大家能感到风从耳边流过，并且有一股非常刺鼻的臭味，直冲鼻孔和眼睛，坠落，坠落……然后就像进入了梦中，不再有任何感觉了……

不知过了多久，大家慢慢地苏醒过来，环顾四周发现他们躺在一个草棚里。草棚里很黑，但是有月光从草棚的小窗户照进来，四个人借着月光看清了彼此，然后每个人都活动了一下胳膊和双腿。

“都还好吧，朋友们？”鲍勃像个大哥哥一样关切地问道。

“哎哟，我屁股有点疼啊！”米果夸张地哼着。

“我的手！”马莎惊叫着。“怎么了，马莎？”萨山关切地问。“我的手上是什么东西啊？黏黏的，怎么这么臭？臭死了，恶心死了！”

“我的脚上也是！”萨山也大声地叫起来。

四个人都发现自己身上有黏黏的、臭臭的东西。

忽然，草棚中一道银光一闪，出现一个1米多高、矮小的男人。这个男人样子很可怕，尖尖的大耳朵，嘴很大，没有牙齿，手臂和腿都很短、很细。最显眼的是他的头，整个脑袋只有中间有一撮头发，立得很高，而且闪着银光。

鲍勃、萨山、米果和马莎都站了起来，紧紧盯着这个小矮人，虽然他不够威猛，但是在这个“鬼屋”，却不能忽视他的魔力。

只见这个银光小矮人，站在他们面前，仰起脸，看着他们，然后使劲向他们伸长脖子，张开没牙的大嘴“嗷”地叫了一声。这一叫把大家吓了一跳，但是，谁也没有动，都做好了迎接战斗的准备，眼都不眨地盯着这个小怪物，看他还能使出什么本领。

只见他张开没牙的大嘴，又发出“噢，噢”两声叫，然后说：“你们身上臭烘烘的、黏糊糊的东西就是牛粪。噢，噢。”

“别害怕！我是不会伤害你们的。噢，噢。”

听到这话，紧张的气氛消失了，接下来大家把注意力都转移到身上沾的牛粪上了。

“啊！恶心死了，脏死了！”马莎张开两只手，不停地抖着、甩着，都不知道该把手往哪儿放。

“马莎，你往哪儿甩啊，都甩到我鼻子上了！”米果赶紧用手擦，这一擦不要紧，他手上的牛粪又在他脸上留下一抹。

“该死，该死！”米果都不知道该拿什么来擦了。

所有的人都憋不住笑了起来。

“为什么这里会有牛粪，牛在哪儿呢？”萨山好奇地问银光小矮人。

米果着急地打断他说：“先别问这些了。”他转向银光小矮人，“麻烦你，你能不能给我们弄点水洗洗啊？难道你闻不到我们身上的臭味吗？”

“噢，噢。不行，请你们快点离开这里。否则，你们将遇到更可怕的事情！”银光小矮人说道，表情很严肃。

大家面面相觑，对他们来说，现在最可怕的是身上的臭味，而不是别的什么恐吓。

“别问他了，我们自己找水去。”萨山真的很替马莎着想，小女孩爱干净，怎么能容忍这样脏的东西沾在自己的皮肤上呢！说着，萨山就要往草棚外面走。

“噢，噢，噢。”银光小矮人急得直叫，只见他头一甩，一道银光横在眼前，吓得大家都不敢往前多走一步。“别出去，你们会死的！”银光小矮人大叫着。

正在大家不知所措的时候，外面传来一阵紧似一阵的嚎叫声：“哞，哞，哞……”像牛叫，但是又比牛叫得疯狂，之中还透着凄惨，听了令人毛骨悚然。

银光小矮人听到叫声，面露焦急之色：“噢，你们都不要出去，出去会有危险，等我来叫你们。是牛出来了！”说完这些，银光小矮人以银光的速度冲出草棚。

大家还没缓过神来，到底发生了什么事？银光小矮人又以迅雷不及掩耳之势返回草棚。只见他每只手里拿了两个瓶子，然后他把瓶子放在四个人面前说：“这是牛奶，你们喝下去，就安全了。”

“牛奶？”大家觉得好奇怪。

“难道它有隐形的功效，喝了就能隐形？”米果问道。

“如果隐形了，我们四个人能互相看到吗？”马莎也当真了，认真地问银光小矮人。

“没说它是隐形剂。它的味道让你们安全，噢……”还没等他说完，突然，“哞哞哞”的叫声好像离得很近了，就在草棚周围，是的，牛在向草棚发起进攻。草棚在摇晃，顶棚上的草都开始哗哗地往下掉。萨山、米果、马莎和鲍勃紧紧地抱在一起，也不再担心谁身上的牛粪沾在谁的身上了。草棚在剧烈地摇晃着。

“天哪！”马莎尖叫着捂住脑袋。

“这些牛难道疯了吗？”

只见银光小矮人已经来不及回答他们了，他迅速弯下腰，拿起一瓶放在地上的牛奶，顺着脑袋就倒了下去。大家看得目瞪口呆，见过从头到脚泼一盆水的，没见过从头到脚倒一瓶牛奶的！没等大家反应过来，银光小矮人又冲出了草棚。大家一起挤向草棚中唯一的小窗户，这一看，大家都吓得直后退，草棚外面大概有几十头牛，黑色的、棕色

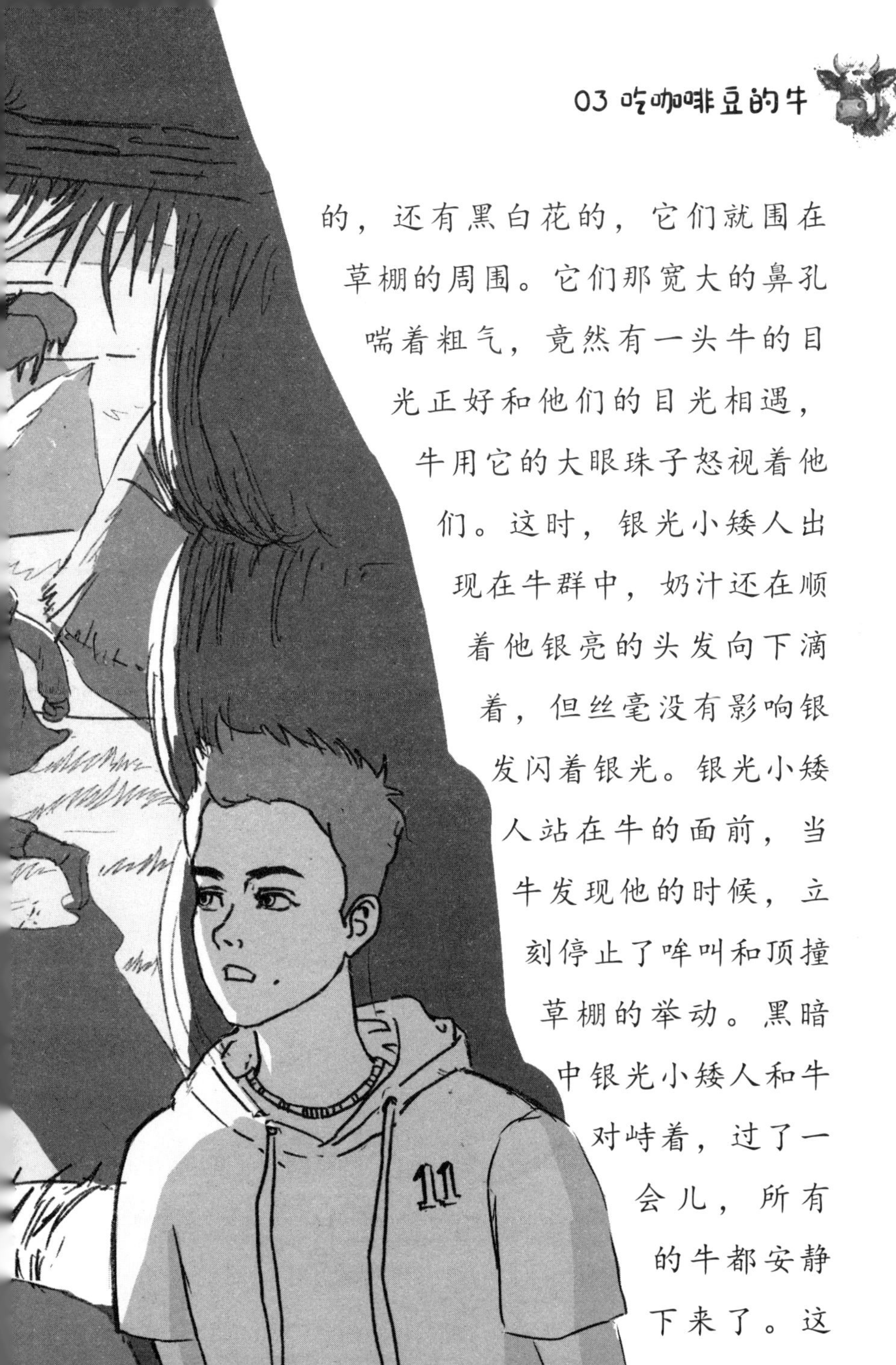

的，还有黑白花的，它们就围在草棚的周围。它们那宽大的鼻孔喘着粗气，竟然有一头牛的目光正好和他们的目光相遇，牛用它的大眼珠子怒视着他们。这时，银光小矮人出现在牛群中，奶汁还在顺着他银亮的头发向下滴着，但丝毫没有影响银发闪着银光。银光小矮人站在牛的面前，当牛发现他的时候，立刻停止了哞叫和顶撞草棚的举动。黑暗中银光小矮人和牛对峙着，过了一会儿，所有的牛都安静下来了。这时，只见银光小矮人转身撒开双腿，向远处的山坡上跑去，所有的牛也缓过神来，撒开四蹄，紧随着银光小矮人，也向山坡上跑去。

这些牛为什么发疯了？牛奶真的能保护萨山、米果、马莎和鲍勃吗？银光小矮人到底是好人还是坏人？

看着牛群终于跑远了，四周又恢复了静谧，偶尔还能听到“哞——哞——”两声牛叫。这时候，大家才算松了一口气。

“银光小矮人了不起啊！”米果小声说，“他难道是牧童？”

“要不是他及时地把牛引走，后果真是不堪设想，我们得被牛踢死、顶死啊！”马莎表示赞同。

惊吓过后，大家都觉得饿了。鲍勃说：“我们把牛奶喝了吧，不知道接下来还会发生什么事。”

可是，牛奶只有三瓶了，萨山首先提出：“你们喝吧，我不饿。”说完舔了一下嘴唇，一看就知道他在忍着呢。

马莎皱着眉头，不停地摆着手说：“你们喝

吧，我可不想喝，我闻牛粪都闻饱了。”

“不行，你们都别推了，我年龄最长，听我的，你们先喝，要是一会儿出现新情况，我们都没有力气逃生了。一会儿银光小矮人来了，我再跟他要一瓶不就行了吗？”鲍勃说道。

“鲍勃，我发现你，你，真是越来越可爱了。”米果觉得以前自己老是和鲍勃作对，有点不好意思了。

鲍勃像在舞台上谢幕一样，潇洒地给大家鞠了一躬，大家都笑了起来。于是，萨山、米果、马莎端起牛奶瓶喝了起来。

“你们有没有觉得这牛奶中好像有咖啡的味道？”米果咂巴着嘴说。

“是啊，或者说是咖啡中加了牛奶。”马莎说完，接着又喝了一口。看来她是被这个味道吸引了，已经忘记牛粪的臭味了。

“应该是牛奶中加了咖啡。”萨山咕噜咕噜喝完了评论道。

萨山继续说：“我们得去找找银光小矮人，给鲍勃要一瓶牛奶，真的非常好喝！”他边说边站起来准备出去。

“不行啊！萨山。”马莎拽住萨山的衣角说，“银光小矮人不让我们出去啊！”

“可是，也不能就这么一直呆在这儿啊。现在外面黑黑的，也不知道什么时候才天亮。”米果一边看着窗外，一边把瓶子里最后一滴牛奶倒进嘴里。

正在这时，银光小矮人又出现在大家的面前。

鲍勃一个箭步冲到银光小矮人面前，抓住他的肩膀说：“快告诉我们，这是哪儿？牛粪是怎么回事？牛是怎么回事？”

银光小矮人被面前高大的鲍勃吓了一跳：“噢，噢，你先放开我。”

“没问题，我放开你，但是你不说清楚就不能再离开。”

银光小矮人“噢，噢”叫了两声，然后张开没牙的大嘴说：“牛，你们了解吗？你们只知道吃美国牛肉汉堡，吃意大利牛排，但是你们不知道牛粪的危害！”

“牛粪有危害？”大家很好奇，“牛粪不是给庄稼的最好肥料吗？”

银光小矮人继续说：“牛粪中含有尿酸盐、硫化物、胺类以及大量细菌、虫卵等，如果不经过处理，很容易对居住环境、农田、水源等造成污染。你们知道吗？1头牛的排便量，超过20个人的排便量！”

银光小矮人慢悠悠地说出了让大家惊讶不已的数据。

“但是，”银光小矮人话音一转，说，“我们现在有一种新办法，可以改变牛粪的成分和性质。”

所有的人都睁大了眼睛，没人插话，等着银光小矮人继续讲下去。

“你们一定知道麝香猫咖啡吧？哦，对了，也就是猫屎咖啡。”银光小矮人停顿了一下。

“我外婆最喜欢喝了。”米果抢先说。

“可贵了！”马莎也听说过这种咖啡。

“嗯嗯，那和牛有什么关系呢？”鲍勃很想知道猫屎咖啡和牛是怎么联系起来的。

“麝香猫吃下成熟的咖啡豆，咖啡豆经过消化系统排出体外后，由于经过胃的发酵，产出的咖啡别有一番滋味。麝香猫咖啡是世界上最贵的咖啡之一。”银光小矮人说道。

“我知道了，你们也给牛吃了咖啡豆。”萨山一直沉默不语，现在终于说话了。

“你说得对！”银光小矮人赞许地说。

“牛吃了咖啡豆，排出的牛粪就不会存在有害物质了，而且还有咖啡的香味。”

“难道，难道？”米果一激动紧张，就有点结巴，“我们喝的牛奶就是牛吃了咖啡果实产出的咖啡牛奶吗？”米果猜出来了。

“噢，是的，你们真是太聪明了！”银光小矮人很是赞许。

米果得意地和萨山、鲍勃击掌，马莎也赞许地拍了拍米果的肩膀。

“不，是你银光小矮人太聪明了！这样真是可以解决牛粪给人类带来的污染问题。”

“可是，我们身上的牛粪是怎么回事？”马莎对身上还没有清理下去的牛粪耿耿于怀。

大家实在是有太多问题要问了。

银光小矮人继续耐心地解答着："我们为了不污染土壤，就把牛以前排出的粪便收集到一个牛粪池里。"

"但是，牛不能闻到以前的粪便味，它们闻到后就会疯狂地追逐。今天，牛就是闻到你们身上的牛粪味，才围攻过来的。"

"天哪，原来是这样！"大家恍然大悟。

"它们很爱吃咖啡豆吗？好像没有青草好吃。"马莎抢先说，"你把牛奶洒在身上，就能把牛群引开。"

"对，平时我也喝咖啡牛奶，今天是为了快速引开它们，所以我就让身上全都是咖啡牛奶的味道。不用我继续说，大家都明白了吧，噢，噢。现在，趁着牛睡觉了，我护送你们离开这儿，如果你们被牛发现，它们会顶死你们的。"

想想刚才草棚被顶得左摇右晃，鲍勃催促大家："萨山、米果、马莎，我们快走！"

于是，大家跟着银光小矮人走出草棚，开始向山坡上行进。借着月光，大家发现，这一带地上并没有茂盛的青草，全都是黄秃秃的土地，只有远处一片茂盛的咖啡树，在月光的照射下，泛着莹莹的绿光。

“让我们看看牛吧！”鲍勃向银光小矮人提出请求。

“是啊。”米果、萨山马上赞同，“反正牛现在都回到牛圈里了，也没什么危险。”

“我猜想，牛圈一定飘满了咖啡的香味。”马莎似乎陶醉在咖啡的香味中了。

突然，他们又听到“哞——哞——”的声音了。但这次，不是凶猛的、野兽般的，而是呻吟的、痛苦不堪的声音。

只见银光小矮人脸色骤变。“不行，绝对不行！噢，噢。你们快从这个坡上下去，赶快给我离开！”他的耳朵都竖起来了，眼睛露出凶光。

看到他的这个表情，大家都觉得不对劲。

鲍勃不管他是否同意，拔腿就往山坡上跑，后面紧跟着萨山、米果和马莎。

银光小矮人个小腿短速度慢，落在了后面。

来到牛栏处，亲眼见到的情景，让他们都惊呆了。牛圈里无数个银光小矮人，在给牛喂咖啡豆，他们有的负责按住牛，有的负责扒开它们的牙齿，另有一些银光小矮人，使劲儿往里面塞咖啡豆。牛在挣扎，显然它们是不喜欢吃咖啡豆的，更不喜欢被如此粗暴地强迫进食，这哪有青草吃得香啊！更让大家无法忍受的是，竟然有一个手拿鞭子的银光小矮人在四周巡视，牛挣扎得厉害，就被他抽一鞭子，牛就惨叫一声。马莎看得眼泪都流下来了。

“他们怎么能这样对待牛呢？太残忍了，太不人道了！”马莎气愤地说。

“不这样，怎么治理污染？”米果很理智地说。

正在这时，奇怪的事情发生了，有几头牛突然不叫了，也不挣扎了，它们抬起头好像发现了什么，不，准确地说，它们闻到了什么……

“不好，鲍勃，你身上还有牛粪味，你没喝牛奶。”萨山大叫道，“快跑！”

这时候，牛开始发疯了，它们使劲挣脱了银光小矮人，冲出牛栏。

四个人开始往山坡下跑去。牛群也紧追着他们不放。

银光小矮人们想用咖啡牛奶把牛群吸引回来，却已经来不及了，萨山、米果、马莎和鲍勃像滑滑梯一样滑下山坡。他们一直跑，牛群一直追着，不知跑了多久，好像回到了他们最初发现的那片青草地。大家实在累得不行了，全都躺倒在草地上。怎么后面没有牛追赶的声音了？他们回头一看，牛在不远处都停下来了，全都低头贪婪地吃着青草。

大家这才松了一口气。“真是太好了！牛终于不追我们了。”马莎说。

“牛解放了，牛本就该吃青草。”鲍勃非常高兴，他们把牛引出了魔爪。

“可是，可是，牛这样的话，不照样排出污染环境的粪便吗？”米果提出质疑。

“那你希望看到牛受罪吗？希望看到牛被强迫吃它们本不该吃的东西吗？”马莎和米果对于该不该把牛解救出来大声地争吵起来。

大家都在想，难道环保与人道，就不能两全其美吗？

麝香猫吃了咖啡豆可以产出昂贵的猫屎咖啡，牛吃了咖啡豆可以直接产出咖啡牛奶，而且排出来的粪便又不会污染庄稼，真是一举两得！只是给牛吃咖啡果实又违背了它们的天性，它们吃得那么痛苦，但是牛粪又确实对庄稼和土地有污染。小朋友们，你们有什么更好的办法，发明一种牛爱吃，吃了以后又能改变它们粪便性质的食物呢？

史蒂夫向大家布置了任务：“现在，你们马上换上潜水衣，跟着赛文、艾特、耐一起下海，潜入莫雷亚之洞，把宝箱找出来。我预祝你们成功，到时候我会给你们奖赏的。”

04

大火在海面上狂舞

海面上忽然狂风骤起，海浪像一面高墙倒向甲板，船剧烈地摇晃着，几乎要翻进大海。史蒂夫一边捏紧手指里的雪茄，一边踉跄地扶住一个铁架子：“看来今天的寻宝计划又要泡汤了。”想着牛头王国正面临与抽羊王国的领土纷争，只有找到1008年牛头王国的祖先留下来的领土分割图，才能证实领土本就属于牛头王国，史蒂夫又深深地吸了一口雪茄。

昨天，通过CR-S水下探测仪，已经探测到装领土分割图的宝箱可能就在附近。就在史蒂夫一筹莫展的时候，突然，两个大块头的家伙吱哇哇地叫着，慌张地冲了进来：“报、报告船长。”

史蒂夫不顾船的摇晃，站直了，等着听到好消息。“不要慌张，快说，是不是找到了宝箱？”

“不、不，人类。”其中一个大声地说。

“人类？在哪里？”史蒂夫简直不能相信自己的耳朵。

当他来到甲板上的时候，看到了四个人。

原来，萨山、米果、马莎和鲍勃离开牛群之后，就来到了克罗地海岛，但是赶上狂风暴雨，他们就被卷进了海里，然后被这些大块头给救了上来。

史蒂夫看到萨山他们的神情，忽然由刚才的兴奋转为失望，他吩咐大块头们：“把他们带到房间里去，把最好的牛奶、沙拉、香槟酒和俄式面包全给他们拿出来吃，给他们换上干净的衣服。”

这些看起来身高足有两米，头长得像牛头一样大，而且还有犄角的大块头们，看起来还蛮有同情心的。

萨山、米果、马莎、鲍勃被带进了一个宽敞的大房间里，虽然它也随着波涛在颠簸，但是里面却干爽而温暖，还有点心和奶酪的香味。

也不知过了多久，海面上似乎风平浪静了，萨山他们吃饱喝足了，穿着干净的衣服躺在地毯上。他们心里在想，终于碰到一个交通工具了，是不是真的可以让这些大块头把他们带回家呢？

这时候，史蒂夫带着几个大块头走进了房间，史蒂夫俯下身做了自我介绍。萨山他们也有礼貌地介绍了自己。

接下来，史蒂夫把他们在海上寻找宝箱的缘由告诉了萨山他们。现在，有很多拙羊王国的人已经进入牛头王国的领地，他们烧杀掠夺，如果不赶快找到领土分割图，牛头王国将会在屈辱中落入拙羊王国的手中。

听到这里，萨山、米果、马莎和鲍勃都非常气愤，他们替牛头王国打抱不平。

“你们是一群勇敢的英雄，你们为争回自己的领土，不顾自己的生命安危在这样险恶的海上找证据，真是太了不起了！”鲍勃赞扬道，还举起手来，握住高出他一大截的史蒂夫的手。

“谢谢你们救了我们。”马莎也仰起脸，看着那些面目憨厚的牛头人。

“唉，不用客气。”史蒂夫叹了口气，继续

说，“已经快一个月了，我们一直在海上颠簸穿行。此处海域被大量的石油污染，海面上漂浮着在阳光下呈现出五颜六色的石油。很多海鸟在捕鱼的时候，羽毛沾上了石油，就无法飞翔，慢慢地饿死了。海底也有很多死鱼，因为海面上有石油覆盖，所以导致鱼类无法呼吸，或气味渗透下来，让鱼类窒息而死。这一切都给我们寻宝带来了不便，现在海面下到处是死鱼、淤泥和缠绕在一起的水草，我们探测到宝箱的位置应该在莫雷亚之洞里，可是，莫雷亚之洞的洞口越来越小，我们这些大块头根本无法进入。”

这时候，米果一跃而起，大家都被他这突然的举动吓了一跳。“别害怕，各位，我只是想，我们的身体比较小，是不是那个什么莫雷、莫雷……”

“莫雷亚之洞。”马莎抢先说了出来。

“嘿嘿，对，就是莫雷亚之洞，马莎，你不能再慢一秒钟啊，我马上就想起来了。”米果可不想什么事都输给马莎。

米果继续说："我们去试试吧，也许我们能找到宝箱。"

"可是，你们会潜水吗？"史蒂夫担心地问道。

"会的，我和马莎、米果都是学校潜水队的，潜水是我们最喜爱的运动之一。"萨山说完，回头看鲍勃，那意思是你会吗？"哈哈，小朋友们，我潜水的时候，你们还带着尿不湿在追逐小鸽子玩儿呢！哈哈哈。"

史蒂夫和他的牛头兄弟们都发出瓮声瓮气的笑声，他们对夺回领土又充满了信心。

史蒂夫向大家布置了任务："现在，你们马上换上潜水衣，跟着赛文、艾特、耐一起下海，潜入莫雷亚之洞，把宝箱找出来。我预祝你们成功，到时候我会给你们奖赏的。"

"不用客气，我们扯平了，你们救了我们的命，我们帮你们找到宝箱。"米果说。

"不过，要是真想奖赏我们，我们可以自己选择一种方式吗？"鲍勃问道。

马莎拽了拽鲍勃的衣袖，示意他别说了，怎么能要奖赏呢？

“马莎，我的意思是，我们真的把领土分割图找到了，我愿意跟他们一起回到牛头王国，目睹他们抢回领土，拙羊王国灰溜溜撤出的胜利场面。”

“好主意，我也要去！”米果拍手称赞。

“我们也去。”萨山和马莎互相看了下，也说道。

于是，赛文、艾特、耐给萨山、米果、马莎和鲍勃穿上潜水衣，四个人被带到甲板上。赛文认真地把潜水的规则、注意事项，告诉了四个人，萨山、米果、马莎和鲍勃，互相鼓励击掌，然后就随赛文、艾特、耐跳入漆黑的大海。

史蒂夫又点燃了一支雪茄，靠在船舷上，慢慢地吸着，等待着好消息。

萨山、米果、马莎和鲍勃，跟着赛文、艾特、耐一起游着，他们看到的完全不是美丽的海底世界、彩色的珊瑚，而是变得灰突突的海底，周围没有成群结队的小鱼，碧绿的水草被裹上了石油，像一条条黑色的长蚯蚓，伸展摇摆着。

这时候，赛文不再往前游，他停下来，挥手示意他们四个人向前游。大家仔细一看，果然，前面有一个五十厘米左右的洞口，这就是莫雷亚之洞的洞口了。洞口有像棉絮一样的黑黑的、油腻腻的东西漂浮着，还有些生命力旺盛的小鱼们游进游出，这说明里面还没有被污染。

鲍勃向身后的萨山做了个手势，萨山又向米果同样做了这个手势，米果又传递给了马莎。于是，鲍勃首先钻进莫雷亚之洞，随后是萨山、米果、马莎。

天啊，这里面才是真正美妙的、鲜活的海底世界。五颜六色的鱼儿交叉地游着，像绽放在水中的焰火，绿绿的水草婀娜地与鱼儿嬉戏着，美丽的珊瑚、水母在海里争奇斗艳。

这才是无污染的海底世界啊！

鲍勃指了指自己的手表，示意大家记住时间，按时回来集合。然后，四个人伸展身体，脚对脚，分别向着四个方向游去。

五分钟之后，萨山第一个回到原地，然后是米果、鲍勃，看彼此的手势，都没有收获。忽然，前面的小鱼非常快速地向四面游去，紧接着，眼前一片浪花，把水草都打弯了。一条面目狰狞的大鱼游了过来，萨山、米果、鲍勃一下潜入水底，大鱼可能是要追逐吃小鱼，所以游得太快了，没有停下，一下就从前面的洞口冲了出去。真是虚惊一场啊！这时候，大家才回过神来，马莎呢？她怎么还没回来集合？

萨山示意大家向马莎的方向游去，还没有游出去多远，就见马莎从一片绿色的水草中游了回来，她手里竟然抱着一个有着斑斑锈迹的金色的盒子。

大家一下就把马莎围了起来，击掌庆祝。米果还伸出了大拇指，他这次是真服了马莎。

这时候，意想不到的事情发生了。大家只觉得海水突然受到了强烈的震动，还没确定是怎么回事，突然一股强烈的气流，顶着一股海水，带着巨大的冲击波，从洞外冲进来，四个人一下子

被冲得无了踪影。

马莎被叫醒的时候，看到大家都在身边，可是每个人都那么焦虑，那么严肃，而且脸上都闪着红光。“出什么事啦？”马莎努力地回忆着。

“你回头看看吧！”萨山扶着马莎，她慢慢地转过头：“天啊！”海变成了火海，火光冲天，伴着浓浓的石油味，史蒂夫那艘船上的白色桅杆，在火海中慢慢倒下。

“一定是谁不小心把火掉在海面上了，因为海面上有很多石油。”马莎哭着说。

“你说对了，记得我们见到史蒂夫的时候，他手里拿着雪茄吗？”鲍勃说。

“他怎么这么愚蠢啊，不知道海里的石油会起火啊！”马莎真是替他们伤心。

“是他们的愚蠢，还是人类给海洋造成的污染，杀害了史蒂夫他们？”米果自言自语。

大家默默地站起来，手拉着手，注视着火海，向史蒂夫和他的伙伴们默哀。

你们知道吗？如果石油污染了海洋，就会在海上形成一层油膜，这层油膜减弱了太阳辐射透入海水的能量，会影响海洋植物的光合作用。油膜沾污了海洋动物的皮毛和海鸟的羽毛，溶解其中的油脂物质，使它们失去保温、游泳或飞行的能力。

石油污染物还会干扰生物的摄食、繁殖、生长、行为和生物的趋化性等能力。所以，我们的责任和义务真的很大，不仅要保护陆地，还要保护海洋，总之整个地球都要保护。

当太阳又一次升起的时候，海面上恢复了平静，大家看累了、悲伤累了，东倒西歪地在沙滩上睡去了。但是他们无法想到，在平静的海面下，被灼烧的汽油熏得无法喘息的一群本领超群、聪明伶俐的海中哺乳动物，正以百为单位的数量在汇集，在涌出海面，向岸边游来。

05

海豚来袭

海面上的大火烧了一天一夜，萨山、米果、马莎和鲍勃目睹着史蒂夫那艘船上的白色桅杆，在火海中慢慢倒下，最后化为浓烟。可是，他们无能为力。

当太阳又一次升起的时候，海面上恢复了平静，大家看累了、悲伤累了，东倒西歪地在沙滩上睡去了。但是他们无法想到，在平静的海面下，被灼烧的汽油熏得无法喘息的一群本领超群、聪明伶俐的海中哺乳动物，正以百为单位的数量在汇集，在涌出海面，向岸边游来。

米果揉揉眼睛，第一个醒过来。他突然大叫起来："快看啊！企鹅！企鹅！"

"我们到南极了吗？"萨山揉着眼睛问道。

马莎和鲍勃也先后坐起来，异口同声地喊道："在哪儿呢？在哪儿呢？"

"越来越近了，从海里走出来的。"米果继续惊诧地并激动地喊着，"看它们走路的样子！"

“米果，你不是在做梦吧！”萨山一边用手在米果眼前晃动着，一边大声地说，“是海豚啊！”

“好多海豚啊！”马莎惊讶地说。

大家都站了起来，海面上真的浮起来一只只海豚，一部分海豚已经来到了岸上。

“哇！”米果终于认清楚了那不是企鹅而是海豚，“它们竟然用尾巴在走路！”

海豚排着整齐的队伍，从海岸边一跳一跳地向他们走来，成群结队的如此大规模的海豚，令大家惊诧不已。

海豚慢慢把他们围在了中央。

鲍勃兴奋地说：“你们知道吗？我们马戏团就有一只海豚，叫啾啾，它可聪明了，非常友善。”说着，就去抚摸一只离他最近的海豚的头。

小海豚听话地微微低下头，看到小海豚对鲍勃这样友善，大家放下戒心，抛开所有的疲劳和念家的忧愁，快乐地和海豚们玩了起来。

鲍勃提议说：“我们每个人分别训练一些海豚，教它们一些本领，然后比赛，看谁的队伍最聪明，怎么样？”

三个人都没有作声，鲍勃从他们的眼睛里读出了疑问：“这么短时间能行吗？”

“没问题，你们知道吗？海豚是一种本领超群、聪明伶俐的海中哺乳动物。经过训练，它们还能打乒乓球、跳火圈呢！海豚的大脑是海洋动物中最发达的，人的大脑占本人体重的2.1%，海豚的大脑占它体重的1.7%。”

“太好了！”萨山和米果拍拍鲍勃的肩膀，很是赞同。“可是，你有过训练海豚的经历，我们没有啊！”马莎没有信心认为自己能把海豚训练好。“有我呢！”萨山自告奋勇，“来吧，马莎，咱们俩一起训练海豚吧！”

马莎笑了，她同意了萨山的提议。

米果超级兴奋地选出了几只海豚，把它们带到旁边的空地上。他把在家里训练小狗撒巴嘎的办法，也用在了海豚身上。

鲍勃用树枝围了几个大圈，他是想把海豚训练成海洋公园里那些能跳跃钻圈的专业型演员。

萨山和马莎把一群海豚领到比较远的地方，神神秘秘的，不知道要把海豚训练成什么样子。

大家乐此不疲地忙着，感受着为人师，不，是为“豚”师的快乐！

这时候，只听到鲍勃的声音：“各位训练师，请注意了，训练到此结束，请马上到礁石处集合，汇报表演马上开始了。”

训练师站成一排，他们面前分别是自己的海豚队伍。

米果一队第一个开始表演。

米果胸有成竹地把橄榄枝抛向远处，只见所有的海豚纷纷向橄榄枝涌去，米果得意地看着萨山、鲍勃和马莎。一只胖胖的海豚第一个捡到了橄榄枝。米果大声喊着：“快，到我这儿来！”但是意想不到的事情发生了，胖海豚叼着橄榄枝，扭向了萨山，到了萨山面前，它仰起头把橄榄枝递给了萨山。

“哈哈哈。”大家都笑了起来，“米果，你是怎么训练的？”

“不可能，刚才训练得好好的！”米果实在是觉得没面子。

米果着急地问鲍勃："鲍勃，你有训练海豚的经验，这到底是为什么呢？为什么他不认识我了呢？"

鲍勃也觉得奇怪，他摸摸自己的脑袋，仔细看了看萨山，又仔细看看米果，忽然说："会不会是这个原因呢？"

"什么原因？你快说！"米果绝不想让大家认为是他这个训练师不称职。

"我记得海豚、鲸和海豹都有点色盲，这些大海中的佼佼者，缺乏感受蓝色的视色素细胞，在它们眼里，几乎只有黑和白。"鲍勃解释说。

"但是，这和不找我而找萨山有什么关系呢？"米果还是没有明白。

鲍勃指着米果和萨山的衣服解释说："你看看，你的衣服是蓝色的，萨山的衣服是白色的。但是，对海豚来说，它的视野里只有黑色和白色，它并不记得你衣服的颜色，你们俩个头差不多、胖瘦差不多，所以它就以为萨山是你呢，它咋没给我送橄榄枝呢？"

“因为你胖啊！”马莎笑着插话。

“小丫头别插嘴，小心海豚咬你！”鲍勃可不喜欢别人说他胖。

“原来是这样啊！那你们算我成功行吗？”米果恳求地说。

“各位没意见吧？”鲍勃转向萨山和马莎问道。

“没问题！”萨山和马莎举手通过。

“太好了！”米果很开心。

接下来，鲍勃队的钻圈表演在鲍勃有模有样的指挥下，所有的海豚都成功钻过，无一失误。

接下来是萨山、马莎队的表演。

米果和鲍勃都很好奇，他们到底给海豚训练了些什么。

只见萨山对大家说：“我们的表演是我和马莎唱歌，海豚们会随着我们的节奏舞动。”

“哈，原来是这样啊！”米果和鲍勃都好奇地等待着。

只听萨山说：“准备好，一、二、三开始！”

马莎刚要张嘴唱，诡异的事情出现了。只听

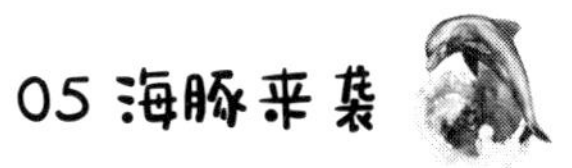

一个成年男人的声音，从一只白色海豚的嘴里发出来："叮叮当，叮叮当。"

大家都惊呆了。"这是，这是萨山刚才训练海豚时说的话。"马莎吓得结结巴巴。

"哎呀，它会说人话！"鲍勃十分惊讶。

"你为什么会说人话？"

"其他的海豚都会说人话吗？"

"你们为什么不在海里待着？"

四个人七嘴八舌地向白海豚问道。

"我怎么会说人话的，并不重要！"白海豚说，"重要的是，你们要怎么保命！"

"天啊！"马莎转头对萨山说，"难道可爱的海豚要杀了我们？"

她脱口而出的时候，身上的汗毛已经竖起来了。

"天啊！"米果叫了起来。

"你们说对了！"白海豚直言不讳。

"你们是人类的好朋友，为什么要伤害人类呢？"萨山质问道。

"你们认为我们是你们的好朋友？那你们为什

么破坏、污染我们的家？”白海豚也质问道。

“它一定是指海洋被污染了，然后又着了大火。”米果俯在萨山的耳边说。

“可那不是我们做的！”萨山大声说。

“那也是你们的同类做的！几百年前，我们就一直想做地球的主人，但是被人类赶到了海洋里，现在我们安稳地生活在我们的家园，可是海洋又被你们污染了。昨天的一场大火，害得我们无法呼吸，只能上岸，我们要把地球的统治权夺回来！”一只个头大的海豚说道。

“唧——唧——”所有的海豚发出了超高分贝的海豚音，好像是在对大个海豚的话表示赞同，也表示了对人类的愤怒。

萨山、米果、马莎和鲍勃只感到尖锐的声音直钻耳鼓，震得脑袋都嗡嗡响。

声音停止了，白海豚说：“我们为了能够与人类交涉和斗争，必须会说人话！”

大个海豚接着说：“我们会变得更强大，总有一天会在陆地上生活。”

曾经可爱的海豚已经不复存在了，它们已经成为憎恨人类、报复人类的杀手了。

萨山、米果、马莎和鲍勃陷入了沉思，到底该如何脱身？

这时候，米果急中生智，他悄悄地说："我喊跑，大家就往左边的山坡上跑，它们是爬不上山坡的。"

米果举起手里的橄榄枝大声喊道："海豚们，看谁先拿到橄榄枝。"接着，就把手里的橄榄枝抛向远方。别说，海豚的记忆力还真好，它们下意识地将视线全都转向橄榄枝的方向。

"跑！！！"米果大喊一声。

萨山、米果、马莎和鲍勃撒开双腿，以百米冲刺的速度向相反方向的山坡上跑去。突然，海豚们好像也明白过来了，一起转向他们的方向，排山倒海地扭动过来。但是，它们毕竟还不是陆地上的动物，哪里跑得过这四个人。海豚们还是被抛在了山下，但是，它们发出了刺耳的尖叫声，表达了它们的愤怒。

安全了，大家停了下来，大口大口地喘着粗气。

“我们人类连这样友好的、聪明的海豚都得罪了，我们都快没有朋友了。”马莎说道。

“我的好朋友撒巴嘎，我好想念它。”米果说道。

“如果这样下去，我们将会成为所有生物的杀手！”鲍勃非常担忧地说。其他三个人沉默了，他们知道，有一天真的会这样。

海豚可是我们人类的好朋友。它们很聪明、很可爱，在海洋馆里，你们一定喜欢看海豚表演：跳跃、钻圈、跟人类亲吻。可是人类对海洋造成的污染，却让它们无家可归。于是它们与人类反目成仇，太可怕了！我真的不希望这样的事发生，你们呢？

萨山一行四人忽然看到天空中有一个黑点，那黑点越来越大，慢慢地几乎遮挡住了太阳。“好像是飞碟！”这次，米果的判断没有人质疑了，因为它真的是一个椭圆形的家伙，而且飞行的速度相当快，转眼就到了四人眼前。

06

流血的蜡像

一轮红日在天边悬挂着，这种光线让萨山、米果、马莎和鲍勃都安静了下来，大家想家的心情油然而生。

“这种时候，我们好像都是在操场上玩橄榄球的。”萨山看着远方，陷入了回忆。

“是呀，你们男生玩橄榄球，我们在操场边上练那个难学的足球宝贝舞。”马莎也想起了学校的时光。

“看，太阳黑子！”米果打断了大家的回忆，大家眯起眼睛，果然在太阳的表面出现了一个黑点。

“不会吧？”鲍勃眯起眼睛，手搭凉棚。只见那黑点越来越大，慢慢地几乎遮挡住了太阳。“好像是飞碟！”这次，米果的判断没有人质疑了，因为它真的是一个椭圆形的家伙，而且飞行的速度相当快，转眼就到了四人眼前。

大家都来不及议论，更不用说逃跑了，震耳欲聋的声音，连同飞碟降落带来的巨大风力，让他们只能抱着头蹲在草地上来保护自己。

轰鸣声停止了，大家抬起头，只见距离约10米远的地方，停着一个乌黑发亮的，像一辆坦克模样的家伙。以前他们见到的都是各种怪兽，这回终于见到了真正的UFO，它金属质感的外壳，在阳光下闪闪发光。这时，从飞碟的侧面打开了一个圆形的门。大家都屏住呼吸，期待着，难道是外星人来了吗？或者是来自地球的同类？

只见一只黑色的腿迈了出来，接下来又是一只腿，然后是身体。啊！看来是人的样子，只是他的个子真高啊，足足有2米，而且他相当魁梧，简直是大力士一个。接着，又下来了两个人，他们身高适中，但是也非常强壮。只是大家无法看清他们的容貌，因为他们都戴着防毒面具。

“砰砰砰。”他们三个人踏着很重的脚步，向萨山、米果、马莎和鲍勃走过来，还没等四人站起来，萨山他们就被这几个家伙粗鲁地提了起来，然后，连拖带拽地走向了飞碟。

“放开我们！”大家叫着，米果用脚踢蹬着拽他的人。

马莎使出吃奶的劲，使劲咬向拉着她手臂的人的胳膊，但是那人使劲甩开手臂，依然用另一只手臂紧紧地拽着马莎。可怜的萨山和鲍勃，“幸运”地被那个大力士一边一个夹到胳肢窝里，只有悬空蹬腿的能力，但是无济于事。

就这样，大家被带到飞碟里，舱门一关，一片漆黑，随着轰鸣的声音，萨山、米果、马莎和鲍勃，感觉到了失重。起飞了，他们不知道要被载到何地，接下来将要发生什么事情，能否逃脱，都成了悬念。

不知道过了多久，舱门被打开，大家深深地吸了口气，这一口气引起每一个人的剧烈咳嗽。他们走出飞碟，外面雾蒙蒙的，能见度极低，隐约能看到有些树木或人影。飞碟带着那几个人飞走了，只把他们四个人留在了雾蒙蒙的空气中。

“为什么……咳咳……把……把我们带到这

里来？”米果边咳边说。

“不会是……咳咳……喂老虎吧？”马莎边用手抹着眼泪边咳边说。

“这里的空气是怎么回事啊？”萨山自问自答，“咳咳，难道是雾霾天？！”

咳嗽的痛苦，让每个人暂时忘记了恐惧。时间一分一秒过去了，大家什么也做不了，越来越觉得胸闷气短。突然，萨山终于说话了：“看，看，我的皮肤，怎么好像充水了？”大家听到他的话的第一反应不是看萨山，而是每个人都低头看自己的皮肤。“啊！天哪！我的皮肤好像变成了蜡！”马莎这句话由于惊讶说得极其连贯。

是的，每个人的皮肤像裹上了一层蜡，而且更奇怪的是，每个人的身体越来越僵硬。大家试图挣扎，但是，几分钟过后，每个人都以不同的样子僵住了，不再能动了。

马莎的姿势优美，两臂向左右伸展着，两只脚踮着脚尖，她刚才一定是想试试还能不能做出芭蕾舞的动作了。

萨山很痛苦，仰着头，一手抚着喉咙，一手捂着胸口。

鲍勃直直地站着。

米果是想蹦起来但是还没蹦起来的预备状。

这时候，从雾霾中走出来了几个人，他们都戴着防毒面具，走向萨山、米果、马莎和鲍勃，轻而易举地把支楞八翘样子的四个人，放在了一辆敞篷货车里开走了。

谁都没有想到，自己这个造型是用来干什么的。到了目的地，原来是一个蜡像馆，他们被送到了这个蜡像馆里，成了展示品。

蜡像馆里金碧辉煌，如宫殿一般，无数水晶吊灯悬挂在翡翠镶嵌的天花板上，晶莹柔和的灯光，照在大理石的地面，就像给大理石镀了一层金子，闪闪发光。每一个蜡像背后，都有一块宝石蓝的金丝绒做背景，把蜡像映衬得栩栩如生。

四个人被一路抬过去的时候，竟然看到了许多熟悉的面孔：米老鼠和唐老鸭、阿童木、哆啦A梦，还有白雪公主和她的七个小矮人，还有小鹿斑比。

有了这些熟悉的，曾经在动画片里和故事片里看到的人物，大家似乎不那么紧张了。

四个人很幸运地被安排在了一起，蜡质的皮肤，在灯光的照射下，流露出奶白色的光泽。终于，等到安置他们的人撤了出去，整个蜡像馆就剩下蜡像了。

突然，有个声音打破了沉静——“嘎、嘎”两声，大家不看也能知道是谁了——唐老鸭。是的，唐老鸭一直都是爱说话的，“欢迎欢迎啊，终于有人类来了。”唐老鸭的话音刚落，就叽叽喳喳响起了一片声音：“我难道不是人吗？我是世界上最美丽的人——白雪公主啊！”一阵甜美的尖锐的声音发出来。听到这个声音，马莎多想跑过去和她亲切拥抱啊，那是自己心中最美的公主。

“我们也是人，虽然我们小了一点儿，矮了一点儿。”“对，对，我们七个，你难道一个都看不到吗？”“天哪！”不用看，就知道是七个小矮人在抗议。

“还有我阿童木，哈哈。”

“唐纳德，拜托你，能不能准确定义一下人类的标准啊！”米老鼠也说话了。

“嘎嘎，鸭子就是没大脑啊！”

“闭上你的乌鸦嘴，别学我发出的声音。”

原来，这里还有一个乌鸦蜡像。

“嘎嘎，我的意思是，”唐老鸭接着说，“他们，他们是真的人，你们都是作家编出来的故事里的人物，嘎嘎。”

他这样一解释，好像大家比较服气了，不再作声了。

“你们好！”萨山代表他们四个说话了。

“快快，你们给我们说说，这到底是怎么回事啊？”米果使劲地眨着眼睛，来代替他的表情。

“我来说，我来说。”唐老鸭、米老鼠、阿童木、小鹿斑比，还有七个小矮人一起说，他们好久没有见到新朋友了，他们很想把这里的情况

告诉这四个新朋友。

“先别告诉他们。”哆啦A梦说话了。

“嗯？”

“为什么？”

“你要对他们友好点！”

“呵呵呵，你们误会了，我是想让他们介绍一下自己。”

“对呀，我们还不知道你们叫什么名字呢！”小鹿斑比用尖尖的声音说道。

“这位美丽的小姐是我们的公主，她叫马莎。这位英俊潇洒的先生是萨山，我们老大。这位胖胖的先生，我们的好朋友，超级魔术师——鲍勃！”

还没等米果说完，哆啦A梦就大声说：“我终于有对手了，你都能变什么啊？”“哈哈，哆啦A梦，你好，我等着跟你好好切磋呢！”鲍勃说。

“等下再交流啊，我还没介绍超级帅哥呢！”米果大声地说。

七个小矮人中的一个说：“还有人啊？”

“你不会数数啊！”米果对那个小矮人不悦。

“是我，超级帅哥——米果。很高兴认识大家！”

“嘎、嘎。”

“欢迎、欢迎。”

“我们来自不同的国家，来自不同的时代，在这相遇了，真是太好了！”

“嘎嘎，我宁可不见到你们，都是你们人类把空气搞污浊了。”乌鸦说。

“为什么又是我们？”听乌鸦这样说，马莎很不服气。

“让我来说吧！”阿童木说，“这是一个被雾霾笼罩多年的古城。雾霾天气是由汽车尾气、二氧化硫、氮氧化物、工业废气以及空气异味等有害气体造成的，灰尘、硫酸盐、有机碳氢化合物等大量极细微的干尘粒子，均匀地浮游在空中，使空气浑浊、视野模糊并导致能见度低。这里的居民经过几代人的优胜劣汰，留下来的只能戴着面具生活。”

“有一天，他们发现了一个现象。”白雪公主接着说，“就是，其他来到这个城市的人，进入雾霾中，不到半小时就会被雾霾中的有害物质侵蚀肌肤，导致肌肤的毛囊中充满毒素，慢慢地好像在身体表层结了一层蜡，就不能动了。”

“然后，他们就把人放在蜡像馆里，供人参观欣赏，获取盈利。”

“天哪，雾霾太可怕了！”萨山说道，“但是，我们得想办法出去啊！”

“我们不能动，真的没有想出好办法。”哆啦A梦也无能为力地说。

所有的蜡像都沉默了。

突然，白雪公主说：“明天有人来参观了，你们千万不能说话，如果被管理员发现，那就会被扔到别的地方去。曾经那个跟史瑞克在一起的驴子，他总是喜欢喋喋不休，结果被带走了，至今下落不明。而且你们一点也不能动，就是不能让他们觉得你们是活的。”

“谢谢你，白雪公主。”一直未说话的马莎

终于可以和她喜欢的白雪公主对话了。

大家聊着，想着办法。最后都不出声了，睡着了。

“当当当。”一阵钟声把大家从睡梦中叫醒了，蜡像馆开始接待参观者了。

萨山、米果、马莎和鲍勃，都很好奇地看着陆续进来的人们，有高的、矮的、胖的、瘦的，只能从衣服的花色和款式上，来区分他们是男还是女，是大人或是小孩子。因为所有的人，都无一例外地戴着防毒面具，有一个用来呼吸的管子，像大象鼻子一样，伸进身后背着的空气净化箱里。

人们走走停停，更多的人在萨山、米果、马莎和鲍勃的面前停了下来，大家取出相机和他们拍照留念。拍照的时候，米果下意识地想露出八颗牙配合一下，但是忍住了，因为白雪公主说不能让管理员觉得你是活的。

鲍勃心里想：这些人戴着面具，谁知道谁是谁啊，还照相，可笑可笑！

这时候，一个小孩子走到米果的面前，伸手摸了摸米果的脚。恰巧，一个管理员看到了，他走过来彬彬有礼地说：“请遵守我们蜡像馆的规则，禁止用手和利器碰触蜡像。如果碰坏了，他们身体里的毒素就会流出来，他们就会恢复原样，不能当蜡像了。你懂了吗？”

小孩子点点头。

这一席话，让听到耳朵里的四个人非常兴奋。他们多想让小孩子来扎一下他们，如果能恢复原样，那就可以逃跑了。

但是，他们没法跟小孩子说明他们的想法。只见这个小孩子，慢慢地走着、慢慢地看着，一定是对管理员说的话，产生了强烈的好奇。

记得有一位教育学家说过：如果你要禁止小孩子做什么事，千万不要把后果告诉他，因为大人们说的糟糕的后果，反而可能激发小孩子去尝试。尽管你严厉地告诉过他，这件事绝对不能做。

果然，这个小孩子停留在了乌鸦的脚下。这

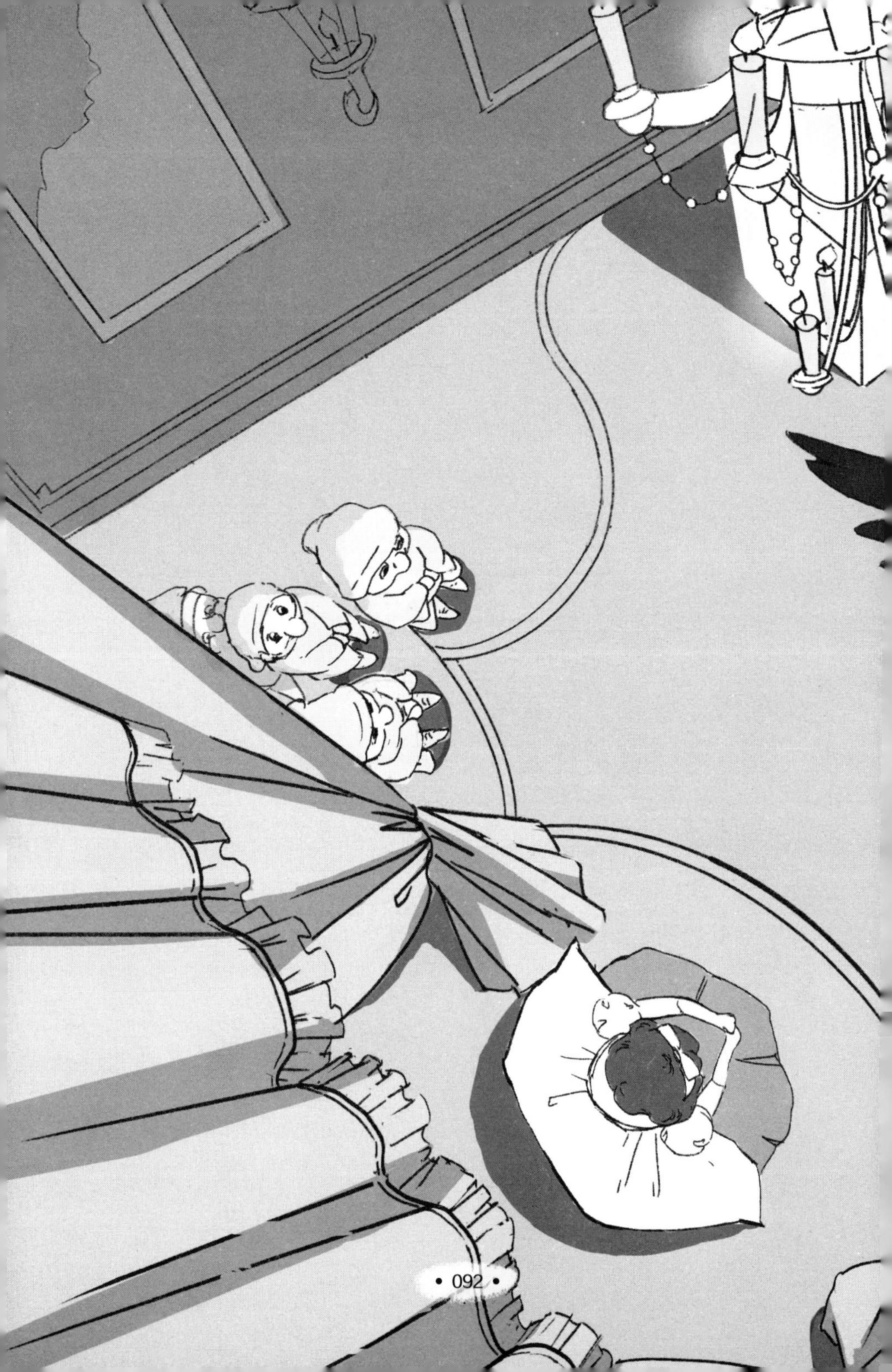

时候，他左右看了看，没有人注意他，大家都专注于感叹这些蜡像的逼真。只见这个小男孩，从衣袋里掏出一支笔，弹出笔尖，快速地在乌鸦的腿上扎了一下。蜡像管理员没有夸张，奇迹发生了，只见一股黑色的黏稠的液体，从乌鸦的伤口处向外流，只见乌鸦的腿慢慢地活动了，接下来一侧的翅膀开始动了，乌鸦按捺不住地开始叫起来：“嘎嘎，嘎嘎。”并同时挥动着翅膀。旁边的小矮人小声地说：“你别叫，你别动！”但是，一切都晚了，乌鸦那嘶哑难听的叫声，在蜡像馆里变得洪亮悦耳，没有人听不到。

人群躁动了，都往发出声音这边跑，几个管理员手里拿着各种武器，有冲锋枪，有手枪，有捉昆虫的网子。网子很大，足以把乌鸦网进来。乌鸦的两个翅膀都已经恢复了活力，只是头部还像蜡像一样僵硬着。在所有的管理员扑过来的时候，乌鸦一抖翅膀，扑棱棱地飞了起来。由于脖子还没恢复原样，乌鸦飞起来时很不稳定，东撞西撞，顶棚的水晶灯被撞得稀里哗啦响。有一个

水晶灯球带着一个金属小挂钩，稳稳地砸在了唐老鸭的后脑勺上。

“请参观者快趴下！”蜡像馆的上空，回荡着瓮声瓮气的声音。所有的参观者都快速趴在地上，只听“啪啪”两声枪响，扑棱棱，可怜的乌鸦，在恢复自由的短暂的几分钟后，不幸中枪，一头栽在蜡像馆出口的彩色琉璃柱子上。可怜的乌鸦，由于渴望自由心切，而缺少了智慧和沉着，最后仅距自由咫尺之遥，生命却结束了。

参观者被疏散出去了，那个小孩子也不见了，蜡像馆的大门关上了，蜡像馆恢复了安静。

没有一个人说话，大家被乌鸦的死吓到了。

突然，“嘎嘎，嘎嘎”两声，打破了沉寂，大家吓了一跳，以为乌鸦复活了。

然而，看到的比听到的还让大家震惊，只见唐老鸭大摇大摆地从他的位置上走了下来。

“你，你？别过来！”白雪公主吓得大叫，美丽的大眼睛使劲地瞪着。

“嘎嘎！”唐老鸭刚要张嘴解释，就听到更

加尖利的叫声："求求你，别再叫了，跟乌鸦一样啊！"这是马莎发出的声音。

"嗨，嗨，你们能不能也别叫了！"米果也发话了，"他可是我们可爱的唐纳德先生啊！"

"是的，大家安静一下，听听唐纳德先生的解释吧！"萨山也说话了。

"是啊，是啊！"众蜡像一起附和着。

"嘎。"唐老鸭开口说话前，总是要叫两声的，但这次他只叫了一声，就憋回去了，他知道大家余悸未消，还想着惨死的乌鸦。

"是这样的，乌鸦在飞的时候，撞掉了一个水晶灯球，正好砸在我的后脑勺上。于是，我也发生了乌鸦的那种情况，一股黏稠的液体慢慢地从我的头上流出来，只是我一直都没动，直到现在，所以没有被管理员发现。"

"你真聪明！唐老鸭。"米老鼠向唐老鸭投去了赞许的目光。

"嘎嘎，我可不能那么自私，只顾自己逃命。"唐老鸭昂着头，骄傲地说。

“快来救我们吧！”米果着急地说，他想着恢复自由后，第一个冲过去和阿童木握手。

“对不起，唐老鸭，我刚才不应该吼你。你能先来救我吗？”白雪公主可怜兮兮地说。

“还是先来救我吧！”

“先救我！”

众蜡像都着急地想先被解救。

“别吵了，我来安排吧！”鲍勃开口说话了。

“我们按身体从大到小的顺序来刺破身体，因为身体大的，恢复时间就相对长一些，这样，就会和后面身体小的人恢复的时间一样了。”鲍勃看大家都聚精会神地听着，没人反对，于是接着说，“我来看看，我是第一个，然后是萨山、米果、马莎、白雪公主、七个小矮人、小鹿斑比、阿童木、哆啦A梦、米老鼠。”

“我好不幸啊，原来我的个子最小啊！”米老鼠哀怨地说，“我以为凭我和唐老鸭的感情，我能第一个获救呢！”

“快别说了！”哆啦A梦着急了，“快救我

们吧，一会儿天亮了，就来不及了！”

“是啊，我们还没有想出逃出去的办法呢！”米果提醒大家。

于是，唐老鸭开始行动了，他用自己的翅膀，拿起砸他头的水晶灯球，按着鲍勃安排的顺序，逐一开始砸，砸破了大家脚上的蜡壳，只见黏稠的液体开始流出来。

几分钟过后，有的脚能动了，有的手能动了。

又过了半小时，大家几乎都恢复了原样。他们激动地互相拥抱、握手。

这时候，还是鲍勃让大家停了下来：“我们现在得想办法出去。”

“你不是超级魔术师吗？你来想想办法啊！”哆啦A梦调侃道。

“我们是人类啊，我的魔术要在一定的条件下才能生效的。”鲍勃很惭愧地说。

阿童木拍拍哆啦A梦说：“你试试吧，你总是能给大家变出那么多稀奇古怪的东西。”

“嗯，如果你们都信得过我，那我就变一个

安装着面罩的螺旋桨，因为只有我们飞起来，才不容易被他们抓到，而且面罩也能帮助我们飞过雾霾城。”

大家拍手欢呼。

只见哆啦A梦念起咒语，瞬间一团金光，把哆啦A梦笼罩在其中。大家的眼睛被闪得瞬间什么也看不清了，等恢复视力的时候才发现，每个人的头上都有一个螺旋桨，还有一个透明的面罩。

突然，蜡像馆里警报声大作，可能是刚才哆啦A梦的那团金光，让哪个警报器感应到了。

“快！大家把面罩拉下来，罩在脸上，按动右侧的按钮。”哆啦A梦大声地告诉大家，并做示范，只见哆啦A梦的身体稍微摇晃了一下，就稳稳当当地飞了起来。紧接着，阿童木飞起来了，他本来就会飞，只是以前没有戴防毒面罩。接下来，大家都离开了地面。这时候，从四面八方来了无数个管理员，手里拿着各式的武器。“救救我！”这时大家才发现，小鹿斑比还没戴上面罩，因为小鹿斑比没有手啊！鲍勃不顾危险，降下身体，帮小鹿斑比戴好面罩，按动按钮，然后他们一起飞了起来。这时候，一个管理员已经到了他们的脚下，差一点儿就把鲍勃的鞋子拉下来。

大家一起向着敞开的大门飞去，后面枪声响了，但是没有人中弹。大家使劲飞啊飞啊，要快快飞出雾霾城，都没来得及道别，全都消失在雾霾中，谁也看不到谁了。只有萨山、米果、马莎和鲍勃他们离得很近，他们要在一起。

玛莎老师对你说

重度雾霾在未来世界对人类的侵害更大了！看了这篇故事，你会意识到，每一天能呼吸纯净的空气是多么幸福！

这次污染导致的邂逅，让四个人非常难忘，他们见到了那么多喜欢的动画片里的角色，希望下一次我们的故事也能出现在白雪公主、阿童木、米老鼠……他们的故事里。

萨山、米果、马莎和鲍勃，来到了一片树林中，阳光透过斑驳的树枝……

忽然，鲍勃在叫他们：“快来看，那是什么？”

大家顺着鲍勃指的方向看去，一块石头突兀地立在一片草丛中，在阳光的照射下，熠熠地闪着青绿的光。让人惊奇的是，整个石头的四周，隐隐约约会看到一圈光芒。

07

破灭的回家梦

萨山、米果、马莎和鲍勃，来到了一片树林中。阳光透过斑驳的树枝，林中飞翔着各种各样的小鸟，有麻雀、喜鹊、七彩文鸟、小翠鸟，种类多得他们都认不出来了！

忽然，鲍勃在叫他们：“快来看，那是什么？”

大家顺着鲍勃指的方向看去，一块石头突兀地立在一片草丛中，在阳光的照射下，熠熠地闪着青绿的光。让人惊奇的是，整个石头的四周，隐隐约约会看到一圈光芒。

“哇！”马莎叫道，“宝石啊！”

“还钻石呢，你见过这么大的宝石吗！”米果就会和马莎作对。

“你，你，你理解得太狭隘了吧！”马莎把眼睛瞪得圆圆的，“我说的是宝贝的石头。”

“嘘，”萨山息事宁人地说，“别出声，来读读这上面的字。”大家向石头围近，只见石头上面写着几个英文字母，看不太清楚。经过集体的智慧，大家终于辨认出来，这个是许愿石。

“哈哈，天助我也！”米果激动地说。

“快，美丽的马莎，用你动听的声音说句话吧！”鲍勃这次都没怀疑石头是否灵验。

不用说，大家都有一个共同的愿望——回家！

“鲍勃你不知道，马莎会说好几种语言。”萨山高兴地介绍说，一边看着马莎，“说吧，英语、俄语、西班牙语，还有……”

“好了，我哪儿会那么多呀！”马莎煞有介事地清了清嗓子，整理了一下衣衫，面对着闪光的石头说，“We want to go home.”马莎分别用英语、法语、俄语、德语说了“我们想回家”，然后又用每一种语言说了“谢谢”。

突然，奇迹出现了！只见石头的光芒越来越大，越来越耀眼，晃得大家都睁不开眼睛了。等睁开眼睛的一瞬间，大家的嘴也同时张开了。因为，石头不见了，草地上没有留下任何痕迹，只有一只七彩文鸟站在他们面前。七彩文鸟的脚边有一个正方形发光的，像玻璃一样的石头片。

鲍勃试着接近七彩文鸟，捡起石头片。它像镜子，可是又照不到人；像玻璃，又不能透出景物。鲍勃拿在手里，感觉非常虚幻，向石头片里面看去，隐隐约约有个人影，并发出声音："明天太阳升起之前，说出你们的愿望，愿望就会实现。"

随着瓮声瓮气的声音结束，鲍勃手里就只剩下一个普通的石头片了。

"真的吗？太好了！"大家高兴得手舞足蹈。

"快点到明天吧！"萨山说道。

"看那只小鸟，它一直都在。"米果说着，走过去，刚要去捉小鸟，只听一声枪响，小鸟应声倒地，小腿还不停地抽动着。

"快跑，有偷猎的人！"鲍勃说。

大家撒腿就跑。一边跑，萨山一边提醒："鲍勃，拿好那个石头片。"

"放心吧！"

米果还不住地回头看那只小鸟。

身后依然传来零星的枪声，不知道又有多少小鸟丧命呢！这时候，前面出现了一个小洞口，里面正好可以容纳几个人。于是，大家就钻进去，找了一些青草，把洞口伪装好，大家长出了一口气。突然，有一只小鸟落在洞口的树枝上，米果伸出手抓住了它："来吧，亲爱的小鸟，到我们这儿来，这儿很安全。明天跟我们一起回家。"

小鸟好像听懂了似的，用嘴轻轻啄着米果的手心。大家轮流抚摸着小鸟的羽毛，它是那么地光洁美丽。

这些鸟从哪儿来？为什么有这么多种类的鸟？这些可恶的猎人从哪儿来？

大家实在想不明白。现在，他们心里只有一个愿望，等待着夜幕的降临、黎明的到来。

"我回家第一件事，就是让妈妈给我做顿大餐，一定要有烤火鸡，要有杜松饼。"米果闭着眼睛吸溜着已经流出来的口水。

"我最想念我的小猫，我要好好跟它亲热一下，也不知道它还认识我不。"马莎也说出了自己的愿望。

“哎，说说你们两个最想做什么。”米果用手拍拍萨山和鲍勃的肩膀。

“干吗呀？”鲍勃懒洋洋地说，“我正做梦呢，我又回到了魔术舞台上，有一个美女正给我献花呢，看看，都怪你，给我吵醒了。”

“真是对不起，那你继续，继续。你呢，萨山？”米果很想知道萨山的想法。

“我呀，有太多想要做的了。”萨山说。

大家聊着，不知不觉睡着了。

天慢慢黑了，星星都出来了，鸟也不再叫了。

突然，大家几乎同时被惊醒，怎么大晚上的树林中有人的说话声？而且不止一个，还有女人的声音。

“不好！我们是不是被强盗包围了？”马莎小声说。

“我们的鸟也不见了！”米果着急地说。大家扒开伪装洞口的青草向外张望，这一看不要紧，每个人都惊诧得不得了！就在他们的洞口附近，有好几个人在挖坑，旁边还有一些人在擦眼泪。

“他们好像在埋葬小鸟。”米果说。

“对对，我也看到了。”马莎也点头说。

“我们的小鸟！”米果还没等大家同意他去，就推开青草，钻了出去。

紧接着，鲍勃、萨山和马莎也钻了出来。

“你们好！”“你们是在埋葬小鸟吗？”没人回答四个人的问话。

这时，一个清脆的声音响起来，一个穿着彩色衣裙的小女孩，冲着一个络腮胡子的男人说：“我昨天要不是被他们保护，也会被猎人伤害的，是他们救了我。”

听到小女孩的这番解释，大家又被惊到了：“难，难道她是昨天的那只鸟？”“这到底是怎么回事？”“你们到底是人还是鸟啊？”大家有太多的疑问。

小女孩走近他们，拉起米果的手，轻轻地放在自己的头发上，米果又感觉到昨天抚摸小鸟羽毛的柔顺。

“是的，我就是昨天被你们保护的那只小

鸟。”小女孩继续说，“我们是一群‘鸟人’。”

“我们就住在前面的列斯村庄。去年突发传染病，我们村的村民都被病毒感染了，几乎一夜之间，我们都变成了各种小鸟。我们只有在夜晚才能恢复人的模样，太阳一出来，我们就变成了鸟，因为病毒被太阳一照射就显现出来了。”

络腮胡子接着说："是的，白天我们什么也做不了，只能在林中飞，找食物吃。但是，除了病毒带来的灾难，最近又出来一伙打猎的人，我们每天都有村民被打死。"说到这儿，他哽咽了。

"我们无能为力，每天都只能眼睁睁地看着亲人被杀害。"小女孩哭着说，"昨天我的哥哥就被杀死了。"

"太残忍了！"米果气愤地说。

"我们能不能帮助你们？"鲍勃问道。

"就你们四个？"络腮胡子不相信地问道。

"唉，如果我们在天亮的时候，不再变回鸟，我们就可以重返家园，过上正常的生活，也不会有猎人伤害我们了。"络腮胡子自言自语。

鲍勃抬头看看东方，天已经微微泛白，马上就要亮了，马上他们就可以许愿回家了。

"怎么办？"鲍勃严肃地看着大家。

所有人心里都明白，大家回家的机会就在眼前，可是列斯村庄的人，他们又将变成鸟儿，又将面临猎人的捕杀。下一个可能就是络腮胡子，或是美丽的小女孩。

“我们放弃吧！”萨山艰难地说。

“你说放弃我们的愿望？”马莎睁大眼睛。

“我们放弃回家，把愿望转给他们，让他们不再变回小鸟。”萨山坚定地说。

“我同意！”

“我也同意！”

米果和鲍勃都表了态。

“我，我也同意！”失去这个盼望已久的回家机会，马莎心里很难过。但是，列斯村庄的村民更需要这个机会。

“好！大家都同意了。”萨山转向络腮胡子，“我们有一次实现愿望的机会，我们把它送给你们，你们在太阳升起前就许愿吧！”

络腮胡子紧紧地把四个人拥在一起：“谢谢你们！谢谢你们！”

鲍勃郑重地把手里的石头片双手递给络腮胡子，络腮胡子也同样用双手接了过来。

只见所有的村民，面对东方，跪下。络腮胡子拿着石头片，叽里咕噜地说了些什么，然后所有的人都闭上眼睛，默默地跪在那儿，整个世界就像静止了一般。

不知道过了多久，东方慢慢泛出了红色。瞬间，一轮红日喷薄而出，太阳升起来了。他们没有变成鸟儿，所有的人都跳起来，欢呼着，大家把萨山、米果、马莎和鲍勃抛起来，又接住，再抛起来……

尖叫声、欢呼声、欢笑声响彻树林。

列斯村庄的人们离开了树林，他们回到自己的家园。

“马莎，我们做了件多么伟大的事情，我们拯救了一个村子的人，对吗？”萨山担心马莎难过。

“我懂的，萨山。我很开心，我们还会有机会回家的。”马莎笑着说。

“好样的！马莎。”米果拍着马莎的肩膀说。

“你们都是好样的！我只是希望不要有任何污染再出现了，所有的伤害，都来自各种污染。”鲍勃认真地说。

玛莎老师对你说

我真的被萨山、米果、马莎和鲍勃感动了，他们多么渴望回家，他们想念自己的爸爸妈妈，想念自己的宠物，想念美食……但是大家还是把实现愿望的机会给了列斯村庄的村民，让他们不再变成鸟儿。你感动了吗？还是你已经默默下了决心，绝对不会再破坏环境了？

大家的眼前出现了一块空地，好像有人影在晃动。越往前走人影越是清晰，只是在人影一转身的时候，四个人都被眼前的景象惊呆了！那些人每个人嘴里都耷拉出一串树枝，而且有的竟然结了果实。他们的嘴都张得很大，无法闭上，身上淌满了哈喇子，看起来很可怕。

08

从嘴里长出的植物

萨山、米果、马莎和鲍勃站在果树下，垂涎欲滴，深红色、黄色的樱桃，绿红相间的苹果，黄得水灵灵的鸭梨，好多水果啊！

“这附近有没有人啊？”萨山咽了口唾沫，擦了擦头上的汗说。

“先别管有没有人了，咱们先吃点吧！救命要紧，谁都不会怪我们的。”米果觉得没必要事事打招呼，事事要请示。拯救生命比什么都重要，因为大家实在是太渴太饿了。

“等下，先别吃！”萨山眼睛瞪得老大，惊恐万状，“你们仔细看这些树，它，它们像什么？”

“你是说它们像人？”米果第一个反应过来，也觉得好紧张。

如果当你看到这样的果树时，一定也是惊讶不已甚至觉得很恐怖！

每棵树都像一个个站立的人形：有的婀娜多

姿，像个美丽的女人，伸着圆润的手臂；有的像个小伙子，粗壮、挺拔；但是，有的树看起来却有点面目狰狞、姿态扭曲，很是吓人。

“为什么这些树长得像人一样呢？”马莎好像这次并没有像以往看到可怕的事情时那么紧张，反而继续建议，“咱们还是吃吧，又不毁坏树木，果实吃掉了，明年还会长出来的。”她眼睛都没离开那棵樱桃树就说道。

“来吧，大家吃吧！”鲍勃也实在挺不住了，伸手摘了一个大苹果，“咯吱”咬了一大口，果汁顺着他的嘴角流了出来。还没等萨山说什么，马莎直奔看好的那串樱桃伸出手去，米果摘了一个大鸭梨。

萨山看大家都下手了，也跑过去，摘了一串黄樱桃。大家席地而坐，稀里呼噜地吃着水果。米果被汁液呛得直咳嗽，大家一边吃一边笑话他。

终于吃饱了，大家躺在树下休息。

“我们往里面走走看看，说不定会有什么惊人的发现。”鲍勃建议。

“好啊！”难得大家这次非常齐心，可能是吃饱了，有斗志了。

大家一边往林子深处走，一边仔细观察这些“树人”。

“好可惜啊！”马莎停在一棵樱桃树前。

“哇！这是什么害虫啊？”米果用一根小树枝挑起一个白色的、胖胖的，头上有三条红印，尾巴却是绿色的大虫子。

“你们还别说，它实在是害虫中的奇葩，很美呀！”米果一边用小棍子逗弄着虫子，一边无不赞叹地说。

鲍勃和萨山也走过来看。

“它再漂亮也是害虫啊！”马莎说，“你们看它把这棵树吃成什么样子了，树叶和树干千疮百孔，估计再吃几天，树就得拦腰折断。”

这时，大家的眼前出现了一块空地，好像有人影在晃动，但是走路的姿态却是很僵直，样子怪怪的。越往前走人影越是清晰，只是在人影一转身的时候，四个人都被眼前的景象惊呆了！萨山、米果、马莎和鲍勃面对的几个人，他们每个人嘴里都

牵拉出一串树枝，而且有的竟然结了果实。他们的嘴都张得很大，无法闭上，身上淌满了哈喇子，看起来很可怕。

“嗨！”四个人向他们打招呼，但是他们只是木木地看着四个人，没人理睬。“你们是什么人啊？”米果问道。

“那片果树林是你们的吗？”鲍勃问道。

“不好意思，我们刚才……”萨山话还没说完，就被一个声音打断了。

这时候，从嘴里有树枝的几个人身后走出一个又瘦又小的老头：“你们是要说吃了我们的果子吗？哦，随便吃，我们在不断地制造着。”

“啊？那太谢谢了！”大家异口同声地说。

“可是，能告诉我们，你们是什么人吗？”米果继续问道。

“对，还有，为什么他们嘴里都叼着树枝啊？”

“什么叫叼着啊？叼着是用牙咬着的，你看他们的嘴都是张开的。”

四个人先争论起来了。

“好了，好了，别吵了，这些树枝是从他们肚子里长出来的。”小老头不紧不慢地说。

“真的？”米果不觉得恐怖，只是觉得好奇，“怎么才能从体内长出树枝呢？”

“你也想长啊？”马莎瞪了米果一眼。

“体内长树枝并不是最可怕的，之后才是最最可怕的！”小老头说到这里，转过头看看身边的几个人。那几个人频频点头，嘴里含糊不清地说着什么，眼睛里充满了悲伤和恐惧。

“您快说！还会怎样？”鲍勃焦急地问。他很希望能够帮助他们。

小老头慢慢讲述了最最可怕的事情。

大家听了，都瞠目结舌。接着，马莎首先呕吐，紧接着是米果、萨山，鲍勃还想忍着，但是也无力抗拒胃里的反应和耳边传来的马莎的呕吐声，最后也大口地吐起来。

这到底是怎么回事呢？原来，这个地方叫作

“树国”，这里的人都被化肥和农药严重污染了。他们的体内存留了大量的化肥和农药，一不小心，吞进了樱桃籽、葡萄籽、苹果籽，就会被体内的化肥催生，然后，果树就开始生长，直接从食管长到喉咙，从嘴里长出来。

这些植物的生长可不仅仅靠这些化肥，他们在慢慢消耗着人的营养和血液，慢慢地、慢慢地，人就被榨干了，就变成了一个个“树人”——就是刚刚萨山、米果、马莎和鲍勃看到的那些像人一样的水果树，并吃了那上面结的水果。所以，当孩子们听到小老头说出的可怕事情之后，所有的人都在呕吐。

“你们一点办法都没有吗？”米果问道。

“要有，就不会还有这么多人嘴里长出树枝了。”萨山回答。

“米果，你怎么会问这么不经过大脑的问题？”马莎直截了当地批评米果。

“呃……”米果顿了顿，“我也不知道，不会是吃了太多的水果的关系吧？”他话还没说完，自己就又开始呕吐起来。

“你们是上帝派来拯救我们的吗？”小老头对他们充满了期待，“每一天都有人变成树人，再也不能恢复成人的样子了。”

“您别着急，会有办法的。”

鲍勃走近一个人，他嘴里长着樱桃树的树枝。鲍勃用手拽了拽，那个人显出痛苦的表情。

“直接拽出来是不可能的！”萨山制止了鲍勃。

“如果有一种药，可以杀死这些树，让它们在体内死亡，然后排出体外，那么它们就不会吸收人的营养了。”萨山想了想说道。

“想法不错，但是哪有药啊？”米果问道。

“唉，可怜的人们啊！”马莎说道。

“不知道我们吃的那些水果蔬菜，是不是也有很多化肥和农药，有一天我们体内也会长出植物来吗？”米果不安地问道。

“糟糕，我刚才吃樱桃的时候吃进去了一棵籽！”马莎惊叫道。

大家七嘴八舌地议论着。

“我们的目的是不是让那些体内的树死掉？”萨山问道。

“是啊！你有办法了？”大家瞪大眼睛看着萨山。

“你们还记得我们刚才路过的果树林吗？”还没等萨山把话说完，马莎就打断了他，并伸出手捂住萨山的嘴说：“不许再提果树林！”

鲍勃拉开马莎的手：“让萨山把话说完。你别用手堵萨山的嘴，你堵自己的耳朵。这样，我们就能听到萨山的想法，你也不会听到让你恶心的事情了。”

马莎没有堵耳朵，她也很好奇萨山有什么主意。

“好吧，我继续说。嗯，刚才那个地方，”萨山故意绕开那片果树林，“那里有几棵树已经死了，树枝枯萎、树叶凋零，不是那些虫子干的吗？”

“对啊，对啊！”大家恍然大悟。

“你是想让那些虫子帮忙？”鲍勃首先问道。

“是的，让那些人把虫子吃到肚子里！”萨山问答。

四个人胃里又一阵翻滚，但是都没吐。

“好主意，我们带他们去果树林吧，一边抓一边吃！”米果立刻赞同。

“吃了化肥再吃虫子。这招数有点……”鲍勃还没说完。

“我们试试吧！虫子只吃树和果子，不会吃人的。”马莎说。

于是，这些嘴里长出树的人，都渴望恢复正常，他们愿意尝试聪明的人类想出来的办法。于是他们跟着萨山、米果、马莎和鲍勃来到果树林里。大家找到那棵树，开始抓虫子。其实根本不用使劲吞咽，只要把虫子放在嘴外面那些树枝上，虫子就开始吃起来，并且慢慢往里面爬。突然，有一个人在地上打滚，手捂着肚子，非常难受。

“天哪，你怎么了？”萨山关切地问。

“难道这虫子也吃人的内脏？”鲍勃怕自己担心的事情发生了。

大家围着他，帮他摸摸胸口、拽拽树枝，但是没有任何缓解。

大家无能为力地看着他。几分钟以后，奇迹发生了！这人似乎平静了一些，只见他拽了拽嘴里的树枝，树枝竟然被他从嘴里拉出来了，带着口水，带着肚子里的黏液。紧接着，他又开始呕吐，吐出很多细小的树叶和枝条残渣。然后，他站了起来，露出了笑容。

人们爆发出一阵欢呼声。准确地说，这些嘴里有树枝的人，发出了奇怪的叫声，但是，他们可以手舞足蹈，表达他们的喜悦。

但是刚才的那个人，已经可以清晰地发出声音："我好啦……我好啦……"

接下来又有人不断地倒地翻滚，但大家都不再担心了，都知道这是根除"病症"的前奏。

"虫子的威力好大啊！"马莎说。

"你说我们怎么那么棒！我们又一次拯救了生命。"米果自豪地说。

"但是，我们怎么能从根源上解决这个问题呢？"鲍勃认真地说。

"真不知道，我们如果吃了过多的农药，有一天会不会也在肚子里长出植物，这也太可怕了！"

米果依旧担心。

萨山伸手揽着鲍勃和米果的肩膀说："我们还是得想办法回家，要把我们看到的情况告诉环保部门，请他们必须下令杜绝所有的污染。如果有一天世界真的变成这样，大家都无力回天啊！"

他们真的能回家吗？

玛莎老师对你说

故事里发生的事，想想都很可怕！我们从现在开始，吃水果吃蔬菜，一定要好好清洗，也要提醒你的爸爸妈妈，否则化肥和农药残留在胃里，日积月累，那可就不知道会得什么病了。但是，我想知道，除了用虫子把植物吃掉，你们还有别的办法吗？

萨山、米果、马莎和鲍勃解救了嘴里长植物的人之后，来到了摩托诺星之城。他们被彻底震撼了，这个城里的所有建筑都是用废旧手机建造成的。他们置身于手机的世界。

09

摩托诺星之城

洛克博士心疼地看着眼前的一切，这里是全世界语言的汇集地，这里可以听到用世界各国语言演唱的歌曲，这里是光的世界，闪烁着迷人的甚至让人兴奋的色彩，这里是不夜城，这里还是不静城。在这里，你只要驻足倾听，悲欢离合、商业机密，信息量之大、内容之丰富，你从任何媒体中都获得不了，这里就是——摩托诺星之城。

萨山、米果、马莎和鲍勃解救了嘴里长植物的人之后，来到了摩托诺星之城。

他们被彻底震撼了，这个城里的所有建筑都是用废旧手机建造成的。他们置身于手机的世界，摩天大楼的外墙、街道上几乎都是手机覆盖了表面，而且，神奇的是，很多手机是工作状态的，闪着信号，亮着屏幕，并且传出各种语言。

萨山、米果、马莎和鲍勃兴奋地跑到建筑物附近，去看手机上的留言，去听手机里传出的声音，辨别它是哪国语言。

“这款一定是法国人的手机。”马莎说，“我听懂了一句话——‘这就是生活（音译：塞啦喂）’，哈哈哈。”马莎兴奋地听着。

“这款手机我喜欢，你看它银色的外壳，多有质感！”米果爱不释手地摸着一款造型别致的手机。

大家看着手机，洛克教授笑眯眯地看着他们，介绍道：“这座手机城是我十年前的一个创意。”洛克教授高大魁梧，但却非常虚弱，说话都是弱弱的。

鲍勃问：“怎么会有这么多手机呢？”

洛克教授依然弱弱地说：“地球上的人类废弃的手机实在是太多了！一百年以前，也就是2022年，地球上智能手机用户数量已超过60亿，而且人们更换手机的频率仅为短短的6个月。到现在2122年，你们说得有多少部手机啊？”

“我算算，可是我没带计算器，真算不出来。”米果边说边掰着手指头。

洛克教授走近一部手机按了一下按键，屏幕顿时亮了，在嘈杂的声音中，有一曲美妙的音乐流淌出来。“我把人类丢掉的手机垃圾收集起来，改变了我们的城市，装饰了我们的家园，但是我也给我的同胞们带来了灾难！”

听到这里，萨山、米果、马莎和鲍勃异口同声地问：“为什么？”

“城市里到处都是手机，这给我的同胞们带来了巨大的辐射，几乎所有的老年人身体都出了问题，生活不能自理。很多年轻人失聪了，还得了白

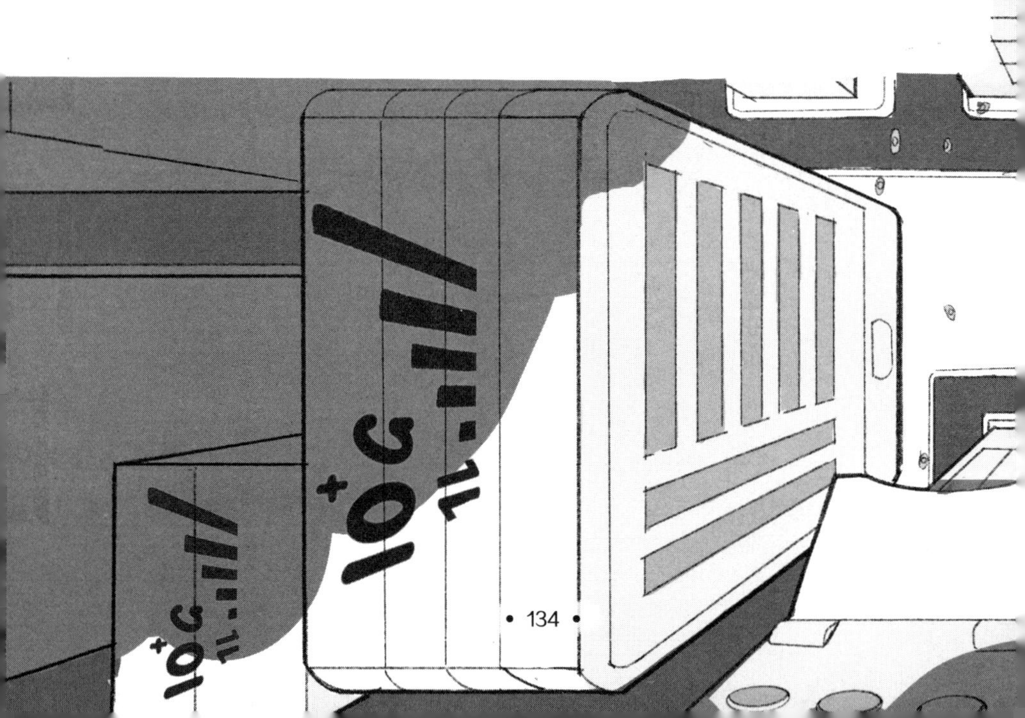

内障、心脏病。我也不知道得了什么病，终日没有力气。所有的人都虚弱得不行。就在昨天，我们才全部转移出去，搬到了丛林半岛。”

“手机给人类的工作和生活带来了便利，但是，废旧手机的处理和销毁却是一个很棘手的问题。”鲍勃认真地说。

“你帮人类把废旧手机收集到了这里，真的是帮我们净化了土壤和环境，谢谢你！”马莎感动地说。

“可是，这些带着辐射的手机集中在这里，却给你们带来了不幸。”鲍勃检讨说。

正在这时，一个震耳欲聋的声音从天空中传来，带着回声，压过手机发出的各种声音。

“哈哈哈，你们的手机城很快就要被我引爆了，这片土地将是我们斯蒂克王国的了！”

大家抬头一看，一个巨大的穿着如超人般蓝色衣服、红色斗篷的人，呼呼啦啦遮住了几个人头上的天空。

“你们不能胡作非为！”洛克教授用尽了全身的力气大声说，“如果这些手机被燃烧的话，会释放大量的有害物质，污染河流、土壤，破坏环境，那我的同胞们的健康将会受到威胁！”

这个自称是斯蒂克王国的人，斗篷猎猎，带着风声俯冲过来，大家急忙躲闪。

“哼！别说是这座手机城了，连你们都别想逃出去，跟着这座城市化为灰烬吧，哈哈哈！”他狂笑着。

鲍勃决定试探一下这个斯蒂克王国的人：“我没看出你有什么本领，别以为你身材高大，就能摧毁整个手机城！”鲍勃的不屑激怒了斯蒂克王国的那人，只见他猛地一转身，萨山、米果和马莎都被他的斗篷刮倒在地，鲍勃和洛克教授赶快上前去扶他们。他的斗篷实在是太大了，几乎把他们几个人全给包裹起来了。鲍勃看到那人身后背着一个非常复杂的机器，上面有很多按钮，在闪着微弱的光。

“难道是你身上的这部机器能够摧毁手机城？”鲍勃问道，“它看起来如同玩具一样，我没看出它有什么威力。”鲍勃的话真是激怒了那人，他咆哮起来，挥舞着拳头砸向鲍勃。说时迟那时快，高大的洛克教授一个箭步冲上前去，抓住了他的拳头：“超人息怒！他不懂事。”

“嗯？你叫我超人？”那人听到洛克教授这样称呼他，好像很得意、很享受，忽然就没了脾气，语气缓和了下来。

米果凑在鲍勃耳边说：“他喜欢听好听的，咱忽悠忽悠他。”

聪明的马莎第一个转向那人，面带微笑地说：“你一定是我们看过的电影《超人归来》里的超人英雄，我们都非常崇拜你啊！”

“是啊，是啊！我特别喜欢你的斗篷呢！”米果边说边掀起他的斗篷。

“别乱动，我的斗篷不可以随便碰的，我飞上高空全靠它。我只有飞起来，才能给我的引爆器充电。”那人柔和了许多。

“你是说，你的引爆器还需要充电？”萨山眼睛闪着亮光问道，他心里正在盘算着战胜那人的办法。

可是，那人没有回答。

“嗨，超人！问你呢！”萨山拍了拍那人。那人竟然呆呆地看着马莎，进入了忘我的状态。

“小姑娘，你好美啊！我是斯蒂克国王的二儿子，你愿意嫁给我吗？留在斯蒂克王国当未来的女王。”那人俯下身体，两眼仍没有离开马莎。

“啊？你说什么？”马莎被惊吓到了，躲到了萨山身后。

“这不可能！你真是异想天开！”萨山指着那人的鼻子说。

“等等，你还没回答我们的问题呢！”鲍勃拉了拉那人的斗篷，只有斗篷才能把他唤回到现实中来。

“当然，不充电怎么会有摧毁你们的威力呢？哈哈哈。”那人原来都听见了。但是，他不知道他的弱点已经暴露了。

鲍勃又进一步试探他，问道：“我看你的引爆器有红灯一闪一闪的，有电啊？”

“哦，是吗？”那人突然好像意识到了什么，用力抖了抖他的红斗篷，借着风力，他双脚离地飞了起来，边飞边说：“谢谢你提醒我，我的引爆器快要没电了，我得多飞几圈来充电。”看来引爆手机城比迎娶马莎更重要。

“鲍勃，你今天是怎么了？”萨山埋怨道，“以前遇到事情你表现得最沉着。可是你今天，一会儿激怒他，差点被打死，一会儿又提醒他引爆器没电了。唉……”

“我们都已经把他控制住了。”米果也跟着说，“可是你……”

“哎呀，你们别埋怨鲍勃了，他又不是故意的。赶快想办法吧，没准那个家伙一会儿就充好电了。”马莎站出来制止大家的抱怨。

“是啊，”洛克教授说，“现在情况非常紧急，你们快争取时间逃走吧，我来想办法。”

鲍勃这时解释道：“我之前那些问题，让他暴露了他的弱点，也就是他背上的引爆器。”大家恍然大悟。

突然，眼前一阵阴影掠过，斯蒂克王国的那人如一阵风一样，扑面而来。“不好，马莎，快蹲下！”萨山大声喊道。只见那人呼呼啦啦又落在了大家的面前。

“你一定要嫁给我，我要带你走，然后引爆手机城，以后这个城市就是我们的了！”那人拨开众人径直走向马莎。鲍勃、萨山和米果把马莎围在中间挡住了他。

没想到马莎主动走出来，对那人说：“我们谈谈吧，我很想知道我的未来会是什么样子。”“马莎？你疯了？”米果真担心马莎会被女王的头衔诱惑。

萨山向米果使了个眼色。

时间一分一分地过去了，从斯蒂克王国的建立，到各届国王的姓名，从斯蒂克王国的地下宝藏到迎娶马莎的彩礼，斯蒂克王国的那人津津有味地说着，他后背上引爆器的闪烁灯越来越弱。

大家要争取时间来拖延引爆，好想办法逃脱。突然，天空传来了呼啸的声音，大家抬头一看，一伙超人由远而近呼啸而来。只听有人在喊：“卡里，你在干什么？为什么还不引爆？”

这个斯蒂克王国的人原来叫卡里。

只见卡里顿时变了脸色，甩动斗篷飞了起来。可是，其中一个超人像老鹰捉小鸡一样扑向站在地面上的五个人，只见卡里迎着那个超人一把抱住他，然后回头对五个人说：“你们快跑吧！马莎，我会去找你的！快跑！”说完他就托着那个超人向上飞，只见其他的超人也冲了下来，试图捉住这五个人。卡里实在招架不住，只听他大喊一声：“如果你们不放过他们，我现在就引爆，我们同归于尽，这片土地谁也别想得到！”

没想到在最后千钧一发之际，卡里竟然动了恻隐之心。

萨山、米果、马莎和鲍勃跟着洛克教授，穿过丛林，来到一个隐藏在丛林中的湖边。湖里有很多很多汽车的轮胎，他们每人坐上一个，然后向湖中心划去。

“马莎，你都跟他说什么了？”米果问道。

“我当然说，如果我的朋友们有危险，就别想实现你的美梦了！”马莎得意地说。然后又补充说：“卡里也不知道会不会受到他父王的处罚。”

谁也没有回答，大家默默地划着。

“轰！轰！轰！”三声巨响，如天边滚过的惊雷，摩托诺星之城被引爆了。

玛莎老师对你说

这个故事的名字有点蹊跷，但是你们可以猜到是跟手机有关的。人类发明手机是科技的进步，处理手机垃圾也将是人类面临的大问题！你家里现在有几部手机？你的家人是如何处理旧手机的呢？废品收购站收购了旧手机之后，又把手机放到哪里了呢？你觉得用手机建造一个博物馆，内墙外墙都用手机垒起来好不好？

天黑得伸手不见五指，黑暗让人的耳朵变得如此敏感，听力变得超级好。风很大，四个人紧紧地靠在一起取暖。冷并不可怕，可怕的是，让人几乎窒息的臭味。

10

废纸奶

告别了洛克教授，萨山、米果、马莎和鲍勃继续前行。每一次经历都带给他们深深的震撼，污染的后果超出人们的想象。

鬼知道西西里城的偷袭者什么时候才来，萨山、米果、马莎和鲍勃就一直趴在草丛里等待着。

天黑得伸手不见五指，黑暗让人的耳朵变得如此敏感，听力变得超级好。风很大，四个人紧紧地靠在一起取暖。冷并不可怕，可怕的是，让人几乎窒息的臭味。

当他们初到咕咕斯城的时候，在没被臭气熏倒之前，竟被随风飘浮在眼前、与身体擦肩而过的大片大片的、不规则的“雪花”，惊到瞠目结舌。仔细一看，这并不是什么大片的雪花，而是被风吹起的垃圾——废纸。

这就是咕咕斯城——一个垃圾遍地，不，是垃圾漫天的城市。更为惊恐的是，咕咕斯人，以白色的纸垃圾为赖以生存的食物，他们每天制造着这些垃圾，也自己消耗着这些垃圾。

但是，近一段时期，他们的纸垃圾已经不够吃了，因为邻国西西里城的一伙暴徒，总是趁着月黑风高的时候，来抢夺他们收集的那些白色的纸垃圾。

因为现在咕咕斯城的市民们，已经非常虚弱了，他们打不过也抢不过西西里城的偷袭者，所以，他们请求萨山、米果、马莎和鲍勃帮他们和西西里城的人谈判，希望西西里城的人能够手下留情，不要再抢夺他们的食物了。

臭气依然肆无忌惮地钻入四个人的鼻孔，脏纸继续飞舞着，亲吻着他们的脸颊和手臂。

“西西里城的人什么时候来啊？”米果一边搓搓发冷的手，一边赶紧捂住鼻子抱怨道。

“要真盼来了，还不知道是什么状况呢，我们能不能斗得过啊？”马莎也憋着气说。

鲍勃扒拉掉糊在脸上的一个皱巴巴的脏纸说：“谁让我们是行侠仗义的少年呢？”

“哈哈哈，你也是少年？”米果调侃道。

“我就是不理解，你说咕咕斯人靠吃白色的纸垃圾为生，他们个个都是那个怪样子，不堪一击，那他们是不是应该停止吃这些脏东西啊？”萨山若有所思地说。

大家都回忆起第一次见到咕咕斯人的感觉。那些人几乎和漫天飞舞的脏纸一样飞舞着，因为他们很虚弱，身体很轻，而且薄到几乎是片状的。他们个个长发飘飘，眼神空洞，随时抓来空中或地上的脏纸塞进嘴里吃。

突然，大家听到了一阵由远而近的沙沙声，人也不再冷了，鼻子也问不到臭味了。一定是西西里城的人来了。

在已经很黑的夜色中，大家仍会看到更黑的一群人影，在向这边移动。

马莎紧紧地拽着萨山：“他们是不是青面獠牙不通人性的呀？我们还是别去谈判了。”

“嘘，既然答应了咕咕斯人，我们就要试一试。”萨山安慰马莎。

“你们都别动！我去看看他们好不好对付。”鲍勃挣脱大家的制止，迎着前面越来越近的一群黑影冲过去。

“唉！鲁莽啊！”米果像个长者一样抱怨道。

突然，只见前方的黑影一下混乱了，同时发出各种奇怪的声音。

“糟了，一定是出事了！”萨山着急地说。

话音刚落，就听见奇怪的声音里清晰地传来了鲍勃的声音：“放开我，放开我！我不是咕咕斯人。”

萨山、米果和马莎一起向那群黑影飞奔过去。

刚跑到近前，他们就被脚下的什么东西绊倒了。接着，他们就觉得有一张毛茸茸的大网把自己罩了起来，左右碰壁，无法挣脱。

这时，一束亮光打在他们头顶，所有的人都停止了动作，场面定格。

萨山、米果和马莎被罩在一个毛茸茸的黑网子里，鲍勃被罩在另外一个黑网子里。站在他们面前的是一伙非常英俊的人。他们四个人到过无数的王国，见到过无数的人，只有西西里城的人长得最像人类，但是这些人又比人类看起来更加健硕和英俊。

“请你们把我们放出去，我们谈谈吧！”萨山请求说。

“我们不是咕咕斯人！”马莎也着急地说。

其中一个长着络腮胡子、红光满面的人，示意其他的人把他们解开。

四个人拍拍灰尘，站在一起，面对着这伙看起来非常英俊的人。

“你们是来自西西里城的人？”米果问道。

“是的。”络腮胡子回答说。

“太好了！”米果跟大家做了个胜利的动作。他的意思是，这伙西西里城的人看起来并不凶恶。

鲍勃义正词严地质问道：“你们为什么要掠夺咕咕斯人的食物？”

“我们？”

“掠夺？”

“他们的食物？”

络腮胡子用了一连串的问号，然后哈哈大笑。

“你们知道白色污染吗？这些垃圾是一种成分复杂的混合物。它们在分解的过程中产生恶臭，并向大气释放出大量的氨、硫化物等污染物，其中含的有机挥发性物质达100多种，这些释放物中含有许多致癌物、致畸物，而且纸屑随风飞扬还形成了视觉污染。”

“你们难道没有闻到臭味吗？”络腮胡子没有等到他们回答，继续说，“我们不是掠夺，我们是在回收垃圾再利用。”

四个人觉得络腮胡子说得有道理，这些脏的纸垃圾实在是污染环境，但那毕竟是咕咕斯人的食物啊！

“可是，你们再利用它们做什么呢？”鲍勃好奇地问道。

“你们这些来自地球的人都想不到，我们把这些废纸回收，经过760道工序，加入我们独家研制的KD-PPQR-763超能水，就把它们变成了……”

“变成了什么？”四个人睁大眼睛。

“难道能吃？”马莎问道。

“哈哈，小姑娘真聪明！”络腮胡子笑了，“能喝！”

“啊？”

“喝纸浆？”

“不是纸浆，是液体纸奶。”络腮胡子的话，让这四个人继续睁大了眼睛和张大了嘴巴。

“看看我们西西里城的人们吧，我们就是喝液体纸奶长成这样的，我们从不生病，我们健康快乐，力大无比！”

“可是，你们是健康了，但咕咕斯人怎么办？”鲍勃还是担心咕咕斯人的生存问题。

“我们不管，我们只管我们的人不能饿死，我们需要大量的纸垃圾。”络腮胡子露出蛮横的样子。

“你们的本意是好的，回收垃圾，变废为宝，合理再利用。”萨山赶快插话缓解气氛。

听萨山这样一说，络腮胡子脸上又露出微笑。

萨山继续说：“但我们也得帮咕咕斯人想想办法，收了人家的东西也得有回报啊！况且这又是他们赖以生存的食物。”

“嗯……”络腮胡子陷入沉思。

萨山、米果、马莎和鲍勃屏住呼吸等待着，时间一分一秒地过去，可是，络腮胡子仍然在走来走去。

突然，他开口说话了：“我的办法就是，今

晚增加武力，把咕咕斯城所有的白色纸垃圾通通收走，让他们没有吃的，这样，也许他们就能彻底忘记纸垃圾。”

“啊？”大家惊呼，“等了半天就这个办法啊！”

“我同意把纸垃圾全部收走，因为它污染环境、传播疾病，并且污染土壤和水体，还污染大气。”萨山沉静地说。

“可是，咕咕斯人就得饿死！”马莎第一次反对萨山。

“我同意萨山说的！”米果补充说，“只是你们抢这些垃圾的时候，不能伤害咕咕斯人。”

“我和马莎一样担心咕咕斯人的生存问题。”鲍勃皱着眉头说道。

“我可不想和你们在这儿浪费时间，我们必须行动了！”络腮胡子说完，就向人群中走去。

只见鲍勃快步冲过去，拦在络腮胡子面前：“请等一下。”

络腮胡子停下脚步，显然非常不耐烦。

“我们是受咕咕斯人的委托，来和你们谈判

的，虽然他们制造了纸垃圾，但是我们必须想个方法，让他们活下来。既然你们拿了人家的东西，就要有东西作为交换。否则，我们不会让你们抢他们的东西的！”鲍勃大声地说。

“要什么？”络腮胡子看出鲍勃真的生气了。

“这样，既然你们是用人家的纸垃圾生产出了液体纸奶，那就给他们一部分液体纸奶，让这些人度过没有纸垃圾的日子，等他们都强壮了，你们再进行之后的交易。”鲍勃一口气说完，看着络腮胡子，也转过头看看其他三个伙伴。三个伙伴觉得鲍勃真是太聪明了，说得很有道理，也紧跟着与鲍勃站到了一起。

络腮胡子又一次陷入沉思。

这时，一个年轻一点儿的小伙子走到络腮胡子身边，低语道：“大王，答应他们吧，虽然我们暂时损失了一些液体纸奶，但是你想啊，以后那些咕咕斯人再也不吃纸垃圾了，岂不是纸垃圾都归我们了？”

虽然年轻人说的声音很小，然而，萨山、米

果、马莎和鲍勃都听得一清二楚，并不住地点头。

络腮胡子一声令下："好！"

转眼间，更多英俊健硕的西西里城的人出现了，他们用各种工具，包括扣住他们四个人的网子，收集着落在地上的、飘在空中的纸垃圾。这时候，另一部分西西里城的人，运来了无数桶的液体纸奶，摆放在咕咕斯城里。

一个西西里城的人，给萨山他们四个也端来了液体纸奶，说这是他们大王特意吩咐的，谢谢他们给的好建议。

萨山、米果、马莎和鲍勃将液体纸奶一饮而尽。

明天早上，当咕咕斯人起床之后，会接受这些液体纸奶吗？他们会不会像西西里城的人那样强壮起来呢？

希望四个人为咕咕斯人所做的一切，将改变他们未来的生存形态。

玛莎老师对你说

我们要生活，就不可能不产生垃圾，可是该如何处理垃圾，把它们变废为宝，不再污染环境呢？你们中有的人将会是未来的化学家、物理学家、环境学家，这篇故事的创意其实也可以给你们带来一点点的思考和启迪，未来环境的治理，一定要靠你们发挥聪明才智啊！

后记

我母亲一直都说我是一个有福气的人。在我漫漫的成长过程中，不管是在学习、工作、旅行、生活中，还是在经历人生的转折点时，我都是幸运的，身边总是有很多亲朋好友的支持和帮助。

很幸运，“穿越未来之污染的怒吼”系列中的第一个故事被《小雪花》杂志的主编杜恒贵先生赏识，还特别为我开设了专栏——童话大森林，让我这些天马行空的故事有了土壤可以生长，也让我能随心所欲地畅想和提笔。

很喜欢黑龙江少儿出版社的张小宁先生写给我的一句话：谁人不羡冰城“雪”，全球共赏“国际丹”。

一直记得那个《虎口遐想》的段子，春晚上姜昆老师的相声给我们带来无数欢笑。在此，特别感谢姜昆老师对“穿越未来之污染的怒吼”系列图书的大力推介。

我曾经很喜欢看那威先生主持的电视节目，几年之后有幸采访到他，他对我说：“玛莎，你本身就是一个充满正能量的精灵，我真的信了。”

出国后才在电视上认识了王为念先生，我被他独特的魅力所吸引，更令我惊讶的是他居然能如数家珍般地说出“穿越未来之污染的怒吼”系列中的角色，非常感谢他的认真和支持。

关凌老师曾是从《我爱我家》走出来的小姑娘，她不仅是优秀的演员，也在以自己的方式支持环保。在此，我想由衷地感谢关凌老师的热心推荐。

我一定要骄傲地介绍一下我的闺蜜团（Angela,Angel,Jessica,JG,Lucy,Rose,Sarah,Viola,Xiao Xiong.24Flower,Coco），她们在自己的工作领域里都如此优秀，而且一直给我巨大支持和帮助，谢谢美丽且充满力量的她们。

谢谢加拿大生命教育成长协会的Tina会长授予我“环保形象大使”的称号，让我有机会给海外的孩子们也传递环保理念。

保罗先生是我的英语老师，他也一直是一个环保典范，让我了解到异国的不同文化，并尝试用不同的语言表达对地球的关爱。

杰那基·阿龙那维奇先生的那些异域文化也给我很大的启发，在此真心表示感谢。

在这里，我还要感谢我亲爱的儿子，他一直是我的第一读者，我的故事陪伴着他成长。我想对他说：“从‘妈妈别让金蝴蝶死了’的伤感请求，到本书出版前你都给了我很多精彩的建议，谢谢你一直喜欢我的作品。”

最后我要真诚地感谢福建科学技术出版社，以及本系列图书的编辑、插画师和设计人员，让“穿越未来之污染的怒吼”系列图书以这样专业和美丽的姿态问世。

故事从中国写到加拿大，从讲给中国的小朋友到讲给加拿大各族裔的小朋友，让我们一起关注环保，爱护地球。